高等学校人文地理与城乡规划相关专业研究生教育教材
国家自然科学基金项目（42071153、41101119）资助支持

城市空间演化模拟
理论、方法与实践

牛方曲 / 著

電子工業出版社
Publishing House of Electronics Industry
北京 • BEIJING

内 容 简 介

本书总结了城市空间演化模拟理论、方法，并开展了实践应用研究。全书共 11 章，开篇简述了城市、城市化、城市空间等相关概念，以及城市空间演化模拟常用方法；在此基础上着重阐明城市土地利用—交通相互作用（LUTI）模型的原理、起源和发展历程，建立了基于“活动”的 LUTI 模型，称作 ActSim 模型，用于预测城市社会经济活动分布格局，并以北京为例开展了应用研究。作为城市模拟工作的拓展，第 10 章进一步给出了区域模拟框架，该区域模型与城市模型形成完备的模型体系，为后续开展“区域—城市”一体化模拟研究奠定基础。最后，第 11 章简析了城市空间分析模拟常用工具。本书是对 LUTI 模型这一国内研究较为薄弱的领域从理论到实践的系统化探索，可为国内学者了解、应用和发展 LUTI 模型提供参考。

本书可为地理学、城市规划及经济学等相关领域的学者及研究人员提供参考，也可作为高等院校相关学科和专业高年级本科生及研究生的教材或参考书。

图书在版编目（CIP）数据

城市空间演化模拟理论、方法与实践 / 牛方曲著. —北京：电子工业出版社，2023.3

ISBN 978-7-121-44489-0

Ⅰ. ①城… Ⅱ. ①牛… Ⅲ. ①城市空间－文集 Ⅳ. ①TU984.11-53

中国版本图书馆 CIP 数据核字（2022）第 208364 号

审 图 号：GS 京（2023）0270 号

责任编辑：李　敏
印　　刷：北京建宏印刷有限公司
装　　订：北京建宏印刷有限公司
出版发行：电子工业出版社
　　　　　北京市海淀区万寿路 173 信箱　　　邮编：100036
开　　本：720×1 000　1/16　印张：14.25　　字数：282 千字　　彩插：2
版　　次：2023 年 3 月第 1 版
印　　次：2025 年 3 月第 2 次印刷
定　　价：99.00 元

凡所购买电子工业出版社图书有缺损问题，请向购买书店调换。若书店售缺，请与本社发行部联系，联系及邮购电话：（010）88254888，88258888。

质量投诉请发邮件至 zlts@phei.com.cn，盗版侵权举报请发邮件至 dbqq@phei.com.cn。

本书咨询联系方式：limin@phei.com.cn 或（010）88254753。

前言

随着新型城镇化工作的进一步推进，未来我国将有越来越多的人涌入城市，城市内部经济活动、交通及空间结构也将会发生一系列变革，制定科学合理的城市空间政策是确保城市空间健康有序发展的必然要求。城市空间决策通常需要回答“在某位置开发一定数量的住房或商用房对城市空间有何影响”“新建一条高速公路（或轨道交通）对人口和企业分布有什么影响”等问题。为确保城市空间政策的合理有效，模拟城市空间演化过程、开展政策试验具有重要意义。

城市空间模拟研究已经有很长的历史。自20世纪60年代地理学的计量革命开始，国外已经运用模型模拟的方法来研究城市空间演化的问题，如Lowry模型。而自20 世纪90 年代开始，基于人工智能理论的微观模拟方法取得较大突破，其通过模拟微观主体的行为来研究城市空间的宏观演化规律。总结起来，常用的城市空间模拟模型主要有两大类：基于元胞自动机（CA）技术的自下而上的模型，自上而下的土地利用—交通相互作用（Land Use/Transport Interaction，LUTI）模型。

目前，国内研究较多的是CA 模型。CA模型侧重于物理土地利用变化模拟，该模型与智能体（Agent）技术相结合进一步增强了其模拟功能。但国内对LUTI 模型的应用研究还很薄弱，甚至仅停留在概念理解阶段，鲜有成功的应用案例。LUTI 模型被认为是模拟城市社会经济活动空间演化过程的有力工具，在发达国家城市发展中常被用于辅助决策。不同于CA 模型通过模拟微观个体呈现城市空间宏观规律，LUTI 模型自上而下地从城市发展原理出发建模，采用宏观汇总数据（Aggregate Data）描述城市空间。对LUTI 模型的认识和理解，实质上也是对城市发展原理的认识，因此学习LUTI 模型是理解城市空间演进过程，并掌握其模拟方法的重要途径。为推动LUTI 模型在国内的应用与发展，助力国内人文地理学尤其是城市地理学的定量研究，笔者对近年的研究成果进行了梳理与总结，撰写本书。

本书着重介绍了LUTI模型的原理、发展历程及建模方法。本书开篇简述了城市、城市化、城市空间等相关概念，并总结了城市空间演化模拟常用方法，阐明了LUTI模型的概念、起源与发展历程；在此基础上采用基于“活动”的建模技术建立了LUTI模型，称作ActSim模型，用于模拟城市社会经济活动区位变化，详细阐述了ActSim模型各部分的具体实现，并以北京市为例开展了应用研究。基于“活动”的建模技术针对各类城市活动需求描述区域特征，切合LUTI模型的发展前沿。

本书是国内第一部对LUTI模型从理论到实践进行系统化探索的著作，可为国内学者掌握并应用LUTI模型提供理论、方法和实践经验。本书适合人文地理学相关专业的研究生使用，也可为相关领域的技术及研究人员提供参考。LUTI模型虽然可以模拟城市空间演进过程，但城市的发展涉及方面广泛，因此LUTI模型的构建可以“无限”复杂下去。本书建立的基于“活动”的LUTI模型——ActSim模型还有诸多亟待完善之处，如家庭变迁模拟、分社会经济群体模拟、分交通模式模拟等。笔者后续将努力深化研究，力争不断完善ActSim 模型。

本书共11章。第1章简述城市、城市化、城市空间等相关概念。第2 章介绍城市空间演化的相关理论、影响因素及其研究意义。第3 章简析城市空间分析与模拟方法。第4～9章展示ActSim模型的建构过程。其中，第4 章给出ActSim 模型的框架及组成部分；第5 章介绍城市房屋开发模拟预测；第6 章和第7 章分别介绍城市区位成本评价方法与城市交通可达性评价方法；第8章基于前续章节内容建立城市活动区位模型，用于预测城市家庭和企业的区位；第9章给出ActSim模型的应用及详细讨论；作为城市模型的拓展，第10章建构了区域模拟框架，用于模拟区域空间演化过程，包括区域经济模型和人口迁移模型；区域模型与城市模型（ActSim）形成了完整的“区域—城市”模型体系。第11 章介绍了常用的开发语言、分析模拟工具及函数。

笔者负责全书的撰写工作，包括确定全书的编写目标、内容，拟定各章节的撰写要求和提纲，并对各章内容进行了审阅、校对和审定。研究生杨欣雨、辛钟龄、王岚、玄冰成分别参与了部分章节的撰写和校对工作。由于笔者能力有限，书中内容难免有误，欢迎读者指正，邮箱niufq@lreis.ac.cn。

牛方曲

2022年9月于北京

目录

第1章 绪　论

1.1 城市及城市空间相关概念

1.1.1　城市及其起源

从字面意思上来看，城市是“城”与“市”的组合词。“城”是以武器守卫土地的意思，是一种防御的建筑物，“市”则是进行交易的场所，但并非所有具有防御墙垣的居民点都是城市，有的村寨也设有防御墙垣（吴志强等，2010）。城市的出现，是人类走向成熟和文明的标志，也是人类群居生活的一种高级形式。城市的起源从形式上，有“自上而下”和“自下而上”两种类型（罗丽，2007）。在“自上而下”的城市中，军事、政治因素起主要作用，市是在城的基础上发展起来的，这种类型的城市多见于战略要地和边疆城市，如天津卫（天津市）、威海卫（山东省威海市）、灵山卫（山东省青岛市灵山卫镇）等；而在“自下而上”的城市中，经济因素起主导作用，这类城市比较多见，是人类经济发展到一定阶段的产物，本质上是人类的贸易中心和聚集中心。城市的形成，无论过程有多复杂，本质上都不外乎这两种形式。

总体来说，城市的定义可以理解为：以从事工商业等非农业生产活动为主的非农业人口的集中点，也是一定地域范围内社会、经济、文化活动的中心，是城市内外各部门、各要素有机结合的、复杂的且处于动态变化之中的巨系统，人口、建筑和信息密度较高（吴志强等，2010）。

在原始社会中，人类依附于自然过着穴居、群居的生活，没有形成固定的居民点。随着人类的进步，人类创造了工具，提升了自己的生存能力，开始依靠捕鱼、捕猎获取食物，形成母系社会的原始群落。随着生产力的提高，人类开始对可食用的植物集中种植，出现了农业；在狩猎中发现温顺的动物可以集中牧养，出现了畜牧业，并由此产生了从事农业和畜牧业的分工（第一次劳动大分工）。人类的生活和农业的发展均离不开水，因此原始的居民点大都靠近水源；为了防止野兽侵袭和其他部落偷袭，人类在聚居点周围用土、石、木等材料修建了围墙和栅栏，由此城池的雏形显现。当部落的生产力水平逐步提高、生活需求趋向多样化、劳动分工有所加强时，专门的手工业者（第二次劳动大分工）逐渐出现，居民点特征也发生了变化：以农业活动为主的居民点是农村，以商业及手工业为主的居民点是城市。有了剩余产品就产生了私有制，原始生产关系解体，出现了阶级分化，进入奴隶社会，可以说城市是伴随着私有制和阶级分化，在原始社会向奴隶社会过渡时期出现的。世界上几个古文明地区城市产生的时期有先有后，但都是在这个社会发展阶段产生的（吴志强等，2010）。

目前，学术界关于城市的起源有三种说法：一是防御说，即建设城郭的目的是抵御外敌侵犯；二是集市说，随着社会生产发展，人们手里有了多余的农产品、畜产品，需要有场所进行交换，进行交换的地方逐渐固定，聚集的人越来越多，早期集市形态成型，逐步过渡为城市；三是社会分工说，随着社会生产力不断发展，一个部族内部出现了专门从事农业、手工业和商业的群体，从事手工业、商业的人需要有个地方集中起来进行商品的贸易，久而久之便有了城市的产生和发展。目前，学者们对于“城市是工商业发展的产物”达到了更普遍的共识。

1.1.2 城市化

所谓城市化就是在工业化、现代化的背景下，城市人口不断增多，城市规模不断扩大的过程（张雪筠，2008）。城市化又称为城镇化，是农业人口转化为非农业人口、农村地域转化为城市地域、农业活动转化为非农业活动的过程。通常，用城镇常住人口与区域总人口的比例来反映城镇化的水平。另外，城镇化分为有形城镇化与无形城镇化。有形城镇化即物质和形态上的城镇化，包括人口集中、空间形态改变、经济社会结构变化；无形城镇化即精神上、意识上和生活方式上的城镇化。

工业革命之后，农牧民不断涌向新的工业中心，城市获得了前所未有的发展，世界城市化进程大大加快。欧洲城市化进程的第一阶段启动于 19 世纪左右，包含传统的西欧发达国家和中欧地区的大多数国家的城市化，在第一次世界大战前基本完成（孟亚莉，2021）。在这段时期，欧洲人口从 1800 年的 2000 万人增长到 1900 年的 1.5 亿人，第二次世界大战后达到了 3.44 亿人，城市化率从 19 世纪初的 10%一度增长到 20 世纪中期的 50%～67%，也就是说欧洲地区在第二次世界大战前基本完成了城市化进程。城市化不仅是富足的标志，更是文明的象征。深度城市化是在城市化基础上的发展和深化。随着城市化进程的加快，越来越多的城市拔地而起，城市的成因、功能、类型也因此出现很大差异。

目前，我国正处于快速城市化的进程中，并呈现如下几个特点：城镇化速度极快，一般由政府及其出台的相关政策主导，在发展过程中出现了发展和分布不均衡、与产业发展不协调、城市群体化发展的现象。随着城市人口规模的增大，作为城市居民经济社会活动的物质载体与结果，城市空间会发生一系列的变化与重组，既有面积上的扩展，也有结构上的分化、极化。目前，在我国快速发展的城市中，城市空间正经历着扩展、分化等变化，并对城市社会的发展产生一定的影响。

2021 年 5 月 11 日国家统计局公布的第七次人口普查结果显示，居住在城镇的人口为 90191162 人，占全国总人口的 63.89%。这一结果表明，改革开放四十多年来，中国经历了快速的城市化历程。

不可否认，中国城市化的快速发展极大地推动了经济社会发展，但也存在土地资源日益紧缺、城市不断扩张、生态环境保护需要加强等各种问题。解决这些问题的关键是提高城市化质量，城市空间结构演化应按照市场经济规律运行，城市空间利用应科学有序，产业结构调整和布局应有理性思维，城市空间结构要结合城市功能要求规划和布局。如何使城市经济空间结构更加有效能、社会空间结构更加有品质、环境空间结构更加和谐，并让三者有机结合，从而引导城市的长远持续发展，是我们需要研究和探讨的问题（王竞梅，2015）。

1.1.3 城市空间

长期以来，“空间”都是地理学的主要研究对象。20 世纪 90 年代以来，克鲁格曼等经济学家将空间纳入经济学模型的分析框架之中，被称为“新经济地理学”（贺灿飞等，2014）。这意味着“空间”的概念和作用在经济学领域得到越来越多的关注。城市空间是指在某一特定的地理区域内，由一组要素在空间上通过相互作用形成的一个空间集合。这些要素具有功能互补性、地域特征性和结构有序性的特点，它们以城市空间为媒介，在其周围环境或自身之间不断地交换和传输物质能量和信息。

城市空间是城市功能组织在地域空间系列上的投影，是城市的政治、经济、社会、文化生活、自然条件、工程技术及建筑空间组合的综合反映（鲁达非等，2020）。随着经济发展和交通运输条件改善，它们不断改变各自的结构形态和相互位置关系，并以用地形态来体现城市空间结构的演变过程和特征。城市空间不同于乡村空间，包含的要素更多，空间要素之间的联系也更加密切，这些社会、经济、政治、文化等要素共同支撑城市正常协调运行。城市空间本身包括许多内容，研究的角度不同、关注的重点不同，对城市空间的定义就不同。例如，地理空间主要关注城市的物质属性，即城市中各种物质因素在城市土地上的投影；社会空间强调城市空间的社会属性，即社会阶层、邻里与社区组织等；经济空间以城市经济活动范围和涉及的内容为研究重点，经济空间范围一般要大于城市的地理空间范围；心理空间从人的认知和感知角度来理解、研究城市的空间属性（王春才，2007）。因此，城市空间具有感知空间、意象空间的内涵，并且感知空间的形成由社会文化特性决定，受社会过程的影响（黄亚平，2002）。除此之外，城市空间还包括数学空间、生态空间等。

在城市规划领域，城市空间研究的主要内容是城市空间结构、城市空间形态和城市空间发展规律。我国的城市规划脱胎于建筑学，因此，建筑学的空间观念对规划界影响很深。这种观念偏重于空间的物质属性，而忽略了空间的社会属性，即使涉及空间的社会性方面，也偏重于从环境行为的角度来认识空间的“场所感”。对空间内涵复杂性的把握必须将其置身于复杂的社会系统中，而不是将其简单地抽象。空间的社会属性决定其与社会经济诸多要素紧密相关，空间并不是一种与意识形态保持距离的对象，而是一直在被历史和各种自然力量改变和重建，这本身就是一个政治过程。因此，城市空间不仅强调传统意义上的物质空间，而且更加强调空间的社会过程、文化经历和行为意义（何子张，2006）。现代城市空间规划学是在研究了社会需求、经济发展、文化传统、行为规律、视觉心理和政策法律之后的规划设计应用（段进，2005）。

1.1.4 城市空间特性

城市空间是城市生活的载体，为各类居民活动提供适宜的场所。城市空间具有独特的性质，使不同的社会生活和不同的文化传统相互沟通、彼此共存。城市空间特性大致包括公共性、场所性、承载性、复合性、演化性等（康红梅，2012）。

（1）公共性。城市空间是提供生产生活服务的公共场所，与市民生活紧密联系。公共性还意味着利益和所有权的共享，城市空间不属于任何私人团体和个人，由城市中每个个体共有。

（2）场所性。城市空间的场所性是一个被逐渐认同的过程，这一认同过程包括时间、空间和行为三个方面。城市空间容纳着提供城市生活运转的物质需求，承载着城市各种活动的社会需求，城市中的居民利用各种设施参与城市活动，在时间积累中产生对城市空间场所的认同，这就构成了城市空间的场所性。不同的城市空间具有不同的城市功能，其城市功能的认同来源于人们长时间参与该功能提供的城市活动。

（3）承载性。城市空间是一个载体的概念。城市空间的承载性表现在其物质层面的承载性、社会层面的承载性、经济层面的承载性、生态层面的承载性。城市空间使城市系统能以物质形态存在，并使各种物质在空间中相互协调；城市空间为城市居民社会、经济活动提供场所；城市空间是城市各种经济要素联系的载体；城市空间是一个有机体，依托生态环境而发展（张勇强，2003）。

（4）复合性。城市空间具有复合性，其复合性表现在空间和时间两个维度上。在空间维度上，城市是多种功能的集合体，如居住、工作、交通、消费等。同一座城市的空间单元一般具有多个功能，并且在不同时期其承载的功能会不断变化与演替。

（5）演化性。从城市的起源与发展的漫长岁月中我们发现，在内外复杂矛盾的相互作用下，城市不断发展，城市空间也由原始的简单群落空间发展到现在复杂的都市空间。各种因素综合作用，带来城市空间的不均衡。不均衡就会产生动力，引起城市空间的不断运转；同时，城市功能不断复杂化，城市系统向更高级的形式发展，引导城市空间向高级的形式发展（王鹏，2000）。

1.1.5 城市空间结构

城市空间结构指的是城市各功能区的地理位置及其分布特征的组合关系，是城市功能组织在空间地域上的投影（石崧，2004）。城市空间结构是一个具有复杂性、多样性的概念，除了由城市物质设施所构成的线性结构内容，还有城市经济结构、城市社会结构、城市环境结构等相对稳定的结构内容；既是一个客观存在的概念，又是一种主观意识的表现（胡俊，1995）。城市空间结构受经济要素、社会要素和环境要素的共同作用，并相互影响（付磊，2012）。从表现特征上来看，城市空间结构是城市各组成物质要素平面和立体的形式、风格和布局等有形的表现，是多种建筑形态的空间组合格局；从内涵上看，城市空间结构是一种复杂的人类经济、社会和文化活动在历史发展过程中的物质形态，是在特定的地理环境条件下人类各种活动和自然因素作用的综合反映，是城市功能组织方式在空间上的具体表征。城市、区域、国家的空间结构配置是否合理，在很大程度上影响着整体的空间组织效率。

对城市空间结构的研究可以分为微观（城市主城区内部空间）、中观（市区和远郊外部空间）和宏观（城市群体空间）三个层面，城市内部空间和城市外部空间是城市空间演化的主体。城市内部空间结构是一座城市建成区之内（通常是指市区）土地的功能分区结构，是城市内部各种活动所连成的土地利用的内在差异形成的一种地域结构。城市外部空间包括城市的郊区卫星城、专业镇及其周围的广大乡村腹地，是城市内部空间增长及向外扩展的发生地区。在表现形式上，城市空间结构主要包括各种物质实体的密度、位置（布局）和城市形态（郭鸿懋等，2002）。

1.2 变化中的中国城市空间

1.2.1 城市化产生的影响

城市空间随着时间的推移不断变化。在快速城市化的大背景下，城市空间变化更为迅速，并且表现出很多新的特征。城市化催生了信息化、全球化和网络化，形成了新的社会经济发展模式，也影响了地域经济形态，最终使城市和区域空间发展模式产生了根本性变化，影响城市未来的发展。

城市化促使城市空间规模不断扩大，导致人口增多、城市用地面积扩张、社会经济活动加强、与外界交流更加密切，直接改变了城市的发展规模。城市的发展扩张应在合理适度的范围内有序进行，无序的盲目扩张必将引发一系列城市问题，甚至导致城市瘫痪。

城市化改变原有的城市空间功能。首先，城市化会直接导致土地利用的变化，城市人口的增多改变了城市原有的居住模式，城市需要更多的居住空间容纳新增的人口，将导致城市用地面积的扩张，因此不仅原有的居住形式发生改变，部分土地的利用性质也将发生改变。例如，原先的“城中村”可能改建为高层住宅区，原来的工业用地和市区边缘地带的城乡结合地区的土地可能变为建设用地，等等。其次，城市化进程中大量农村人口转移到城市居住，为城市的发展提供了大量劳动力，在一定程度上会促进城市发展、加速城市产业结构调整升级，进而影响城市空间结构。最后，城市在发展过程中难免会受制于各类因素，导致城市规划出现历史遗留问题，为此城市在后续发展过程中需要重新规划调整，这是城市发展中难以避免的问题。人们在对城市规划进行调整时要以可持续发展的思路进行，以免频繁调整浪费大量人力、物力、财力。

1.2.2 中国城市空间演化

伴随着中国城市化率的不断增长，中国城市空间的演化也逐步加快。首先，城市数量增多和城市空间扩张。1978—2020 年，中国城市数量迅速增多，城市规模日益扩大，城市总数从 193 座增加到 684 座，特大城市（人口 500 万人以上）从 13 座增加到 91 座。其次，城市面积也在逐渐增大。其中，城区面积由 2010 年的 178692 平方千米增长至 2019 年的 200570 平方千米；建成区面积由 2010 年的 40058 平方千米增长至 2019 年的 60312 平方千米；城市建设用地面积由 2010 年的 39758 平方千米增长至 2018 年的 56076 平方千米。统计数据还显示，2000—2019 年中国城镇人口占中国总人口的比重（城市化率）由 36.22%增长至 60.60%，中国乡村人口占中国总人口的比重由 63.78%下降至 39.40%。中国城市化率呈现稳步增长态势，体现在乡村人口逐渐向城市转移，人口城市化率稳步增长。经济发展状况也验证了城市化进程的加快，城市经济结构以第二产业、第三产业为主，农村经济结构以农业、林业、牧业、渔业等第一产业为主。资料显示，第一产业占国内生产总值的比重较低，自 2009 年以来都处于 10%以下；第二产业占国内生产总值的比重呈现稳步下降趋势；第三产业占国内生产总值的比重呈现稳步增长态势。

对 2001—2013 年的夜间灯光数据进行分析，可以判断出中国城市空间扩展主要集中在“胡焕庸线”东侧区域及经济较发达地区，并且有逐步连成片的趋势，如珠三角、长三角、京津冀等地区；而“胡焕庸线”西侧区域的城市空间扩张变化幅度相对较小，并且呈零散化、碎片化，也有极个别城市的城市空间发生了急剧膨胀，如内蒙古自治区鄂尔多斯市在研究期内建成区面积扩张了近 5 倍（王神坤，2020）。

在发展过程中，城市空间的演化出现了分化、极化。按照社会空间统一理论，社会生产和空间生产是相互作用、相互影响的，因此，社会经济变迁必然影响城市空间结构的变迁。伴随着住房商品化，住房所具有的社会分化与隔离作用，使阶层在空间上实现了聚集与分异，逐渐改变着中国城市的传统居住格局（张雪筠，2008）。单位制对城市空间的影响逐渐式微，中国城市空间尤其是大城市，如上海、北京、南京等城市的研究均表明，中国城市正经历着空间分化的过程（吴启焰，2001）。因为城市产业结构发生重组与变迁，城市劳动力日益分层，从而导致收入差距拉大，使城市空间日益分化为贫富两极的空间极化格局。这种城市空间极化格局一般出现在纽约、伦敦、东京等，而中国的特大城市，如北京、上海、广州等，在新的国际劳动分工和全球经济重建的背景下，城市空间出现了“碎化”和“双城化”的趋势，城市社会空间隔离越来越明显（杨上光，2006）。

虽然在城市化进程中城市面积不断扩张，但由于城市的基础设施建设及资源配套较好，所以城市仍有较强的吸引力，集聚效应日益明显，城市中的人口密度、建筑密度都比较高，空间较拥挤。目前，中国的大城市面临着人口密度过高的挑战，中国城市自东向西呈现三个阶梯状的地理特征，城市大多分布在“胡焕庸线”以东区域。中国第七次人口普查数据显示，目前天津市和平区的人口密度达到 3.5 万人/平方千米，北京市、上海市中心城区的人口密度分别为 2.4 万人/平方千米和 2.3 万人/平方千米。有资料显示，普遍认为人口密度极高的首尔市的人口密度仅为 1.6 万人/平方千米，东京市的人口密度仅为 1.4 万人/平方千米。由此可见，中国城市的人口密度远高于世界城市的平均水平，并且空间拥挤状况在中心地区更为明显。另外，此前城市的发展较为不平衡，导致部分居住空间规划不合理、生活环境差、人均居住面积较小，尤其是在城中村、棚户区、外来务工人员聚居点等区域。这些区域的改建一般受到严格的政策管控，因此重建较困难，只能在原有基础上加以扩张。然而，其在垂直方向的发展受阻，导致街巷横向扩张，公共通道被占用、房屋间距减小，埋下了一系列安全隐患，并且丧失了城市应有的空间肌理，失去了城市发展应当追求的美感。

1.2.3 城市空间演化的基本形式

在内外发展驱动力的作用下，城市空间的扩张和推进实质上是城市活动分布格局不断变化的过程。这其中不仅包括城市用地规模在水平方向上的四面扩张，以及在垂直方向空中或地下的延伸，而且包括城市要素的增加、城市结构功能的组成和转化等。城市空间演化主要分为简单演化、结构演化、分布演化等方式。

简单演化，城市空间在开始发展阶段以规模发展为主要方式，通过人口和用地增长这两个主要评价指标体现。

结构演化，城市的发展是一个逐渐由简单到复杂的过程，随着演化过程的推进，城市的发展要素随之变化，通过要素结构上的变化表现城市空间变化。

分布演化，随着城市内部的发展和完善，城市之间的相互联系、相互作用明显加强，体现的是城市空间系统外部及城市之间各种关系的变化（顾朝林等，2000）。

1.2.4 城市空间演化的动力

城市空间演化的动力包括内部动力和外部动力。

1. 城市空间演化的内部动力

城市空间演化的内部动力一般来源于城市空间发展的开放性、非平衡性和突变性（康红梅，2012）。

城市空间发展的开放性。城市是一个典型的开放系统，城市空间一直在与外界发生各种方面的交流（物质流、信息流、资金流等），随着影响城市系统运转的因素增多，在各种因素影响下城市空间也在不断演化发展。城市空间发展的开放性导致城市发展存在走向无序的风险，但城市边界通过界定范围和过滤外部输入规避了这种风险（张勇强，2003）。

城市空间发展的非平衡性。城市系统在与外界环境交流过程中，复杂的外界环境使城市空间发展的各种要素始终处于非平衡状态，这种非平衡性是事物发展的动力之源。城市空间发展受到的不平衡作用，使城市空间始终处于发展的运动状态。这种运动或快或慢，虽然始终朝着受力平衡的方向发展，但由于外部因素的不断介入、调整及内部作用力之间的变化，城市空间的受力状态也在不断变化，非平衡性促进城市空间始终处于动态发展之中。

耗散结构理论认为：非平衡性是有序之源，所有平衡系统将失去保持发展的能力，将会变成静态的“死”系统。

城市空间发展的突变性。由于外力因素和内力因素的不确定性，我们可以大概预测城市空间演化的主要轨迹，但我们对城市具体某一阶段的发展状态无法进行准确预测。某个变量的微小变化，可能引起城市空间发展的转折，类似于“蝴蝶效应”。

2．城市空间演化的外部动力

城市空间演化的外部动力主要来源于两个方面：第一个方面是经济发展的要求，第二个方面是环境制约的要求。这两个方面是城市空间建设和发展的主要外部动力，也是社会需求的主要体现。

经济发展的要求。城市的经济发展决定了城市空间的演进速度。经济发展会引导城市发展，城市土地开发所带来的巨大经济效益将引导城市空间向有利于创造更多效益的方向发展，这同时加速了城市化进程，吸引更多农村剩余劳动力进入城市工作，进而使农村人口转化为城市人口。随着城市“摊大饼式”的外扩，部分农村用地转化为建设用地，形成了城市空间的简单演化，即城市人口增多和用地规模扩张。经济发展还将导致产业结构发生调整，进而导致包括土地要素在内的资源重新配置。

环境制约的要求。城市空间的发展受到资源环境的制约。每座城市都有其资源环境承载力，城市的运转要在其资源环境承载力范围内进行，资源环境承载力在一定程度上决定了城市空间的发展方向和发展空间。城市环境的改善有利于吸引资本和人才，进而促进地方经济发展、提高地方居民生活质量，直接影响城市经济发展和城市空间演化。城市发展还取决于所拥有的资源，城市产业结构将围绕资源进行布局，城市空间结构也将围绕资源进行调整。

1.3 本章小结

城市既是人类文明的产物，也在不断创造着人类文明。经历了几千年的发展，城市功能形式呈现多样化。伴随着城市的发展，人类对城市的认知、研究也在不断深入。作为全书的绪论部分，本章回顾了城市的起源和发展历程，阐述了城市化、城市空间等相关概念，并基于此简析了城市化产生的影响，以及中国城市空间演化模式及其动力机制。希望读者能通过此章对城市及其演化过程有一定的宏观认识，为后续章节进一步理解城市空间演化过程、城市空间演化模拟做好铺垫。若需要进一步了解城市相关内容，读者可延伸阅读城市地理学相关教材。

参考文献

[1] 段进. 中国城市规划的理论与实践问题思考[J]. 城市规划学刊，2005（01）：24-27.

[2] 付磊. 转型中的大都市空间结构及其演化[M]. 北京：中国建筑工业出版社，2012：70-74.

[3] 顾朝林，甄峰，张京祥. 集聚与扩散[M]. 南京：东南大学出版社，2000：3.

[4] 郭鸿懋，江曼琦. 城市空间经济学[M]. 北京：经济科学出版社，2002，6：21-23.

[5] 何子张. 我国城市空间规划的理论与研究进展[J]. 规划师，2006（07）：87-90.

[6] 贺灿飞，郭琪，马妍，等. 西方经济地理学研究进展[J]. 地理学报，2014，69（08）：1207-1223.

[7] 胡俊. 中国城市：模式与演进[M]. 北京：中国建筑工业出版社，1995：78-80.

[8] 黄亚平. 城市空间理论与空间分析[M]. 南京：东南大学出版社，2002.

[9] 康红梅. 城市基础设施与城市空间演化的互馈研究[D]. 哈尔滨：哈尔滨工业大学，2012.

[10] 鲁达非，江曼琦. 互联网时代的城市空间演化与空间治理策略[J]. 南开学报（哲学社会科学版），2020（02）：92-100.

[11] 罗丽. 中国古代城市起源动力及类型[J]. 延边大学学报（社会科学版），2007（02）：87-91.

[12] 孟亚莉. 1870—1940 年欧洲城市化进程析论[J]. 都市文化研究，2021（02）：31-45.

[13] 石崧. 城市空间结构演变的动力机制分析[J]. 城市规划汇刊，2004（01）：50-52，96.

[14] 王春才. 城市交通与城市空间演化相互作用机制研究[D]. 北京：北京交通大学，2007.

[15] 王竞梅. 上海城市空间结构演化的研究[D]. 长春：吉林大学，2015.

[16] 王鹏. 我国城市公共空间的系统化研究[D]. 北京：清华大学，2000：11.

[17] 王神坤. 我国城市空间扩张的时空特征及驱动因素分析[D]. 武汉：中南财经政法大学，2020.

[18] 吴启焰. 大城市居住空间分异研究的理论与实践[M]. 北京：科学出版社，2001.

[19] 吴志强，李德华. 城市规划原理[M]. 4 版. 北京：中国建筑工业出版，2010.
[20] 杨上光. 中国大城市社会空间的演化[M]. 上海：华东理工大学出版社，2006.
[21] 张雪筠. 浅析中国城市空间的演变及城市社会问题[J]. 社会工作下半月（理论），2008（05）：48-50.
[22] 张勇强. 城市空间发展自组织研究——以深圳为例[D]. 南京：东南大学，2003.

第 2 章

城市空间演化概述

城市空间及其演化过程是城市地理学的经典内容，学术界对其也有长期的研究积累。本章通过回顾前人研究成果，阐述了城市空间的相关概念和理论，阐释了城市空间演化的主要影响因素和演化机理，为后续章节进一步阐明城市空间演化模拟方法做铺垫。

2.1 城市空间演化基本概念

城市空间在不同研究领域对应不同的内涵，但总体上可以分为微观空间和宏观空间两个层次。微观空间是建筑物占有的空间及其围合空间，宏观空间则是城市占有的包括云维度空间在内的空间领域（孙施文，1997）。从宏观层面看，城市空间实质上是具有特定地域特征和功能结构的空间要素的集合，是以流（信息流、物质流、能量流等）为主要联系方式的，具有动态性、层次性、适应性的开放系统（唐俊，2016）。城市中不同物种之间、群落与群落之间存在动态变化的相互作用，通过复杂的自组织活动共同构成多种多样的城市关系，并反过来影响城市空间的整体形态（黄亚平，2002），在空间上就表现为土地利用和建筑环境的分异。

城市空间演化的概念和内涵随着城市发展不断丰富。狭义的城市空间演化主要指的是城市建设用地（简称“城市用地”）规模扩大和结构演变（朱英明等，1999）。城市用地规模是指城市所占用、使用土地范围的大小，不仅包括城市用地数量的增加，而且包括城市用地扩展模式、扩展方向、扩展速度的变化等，其表示城市发展过程中的一种“量变”。用地结构直接反映一定时期内的城市土地利用状况，对城市经济、社会、职能建设等具有深刻影响。这种意义上的城市空间演化具体表现在城市用地规模扩张及数量分配比例、空间结构的变化，一方面通过旧城区基础设施用地和商业用地的功能置换（内涵式扩展），另一方面通过扩大城市用地发展新的工业区、开发区和居住区（外延式扩展）（朱英明等，1999）。

广义的城市空间演化除了反映在土地方面，还反映在城市人口规模、产业结构等多个方面。随着城市化的不断推进，非农业人口向城镇人口的转化加快，劳动力就业结构发生相应改变。城市功能区的组合和划分更加符合现代城市发展的内在需求，工业区、商业区和居住区的布局出现了由单中心分布向多中心分布的现象。城市经济产业结构有软化趋势，逐渐由以工业制造业为主转向以服务产业为主，并带来城市产业的重新布局和调整。城市的扩散和积聚效应并存，网络化的城市体系开始形成，一方面城市空间呈现向外不断扩张的趋势，另一方面城市中心的积聚功能进一步加强，并且卫星城市和周边城市的联系日益密切，使城市的演化趋于复杂化。“生态空间结构”“可持续发展城市”等概念的出现，使城市不仅表现出作为经济发展的载体功能，更为居民生产生活提供了优雅环境（后锐等，2004）。

总体来说，城市空间演化既反映物质要素和活动要素的空间分布模式，又包括要素之间的相互作用。城市经济和人口发展为城市空间演化奠定了基础，而伴随着经济发展，城市日益表现出作为经济发展的载体功能，因而城市建设用地扩展和空间结构规划应当充分考虑城市生活和生产方面的需要及相关自然因素，同时必须考虑“城市未来的发展空间”。

城市空间演化研究作为人类认识城市发展规律、进行城市规划的重要基础途径，一直是城市地理学关注的热点。从城市空间属性上看，城市空间演化研究既涉及城市空间的物质属性，即城市物质环境的空间分异及其演化过程，又涉及城市空间的社会属性，即城市社会、经济结构等的空间分布与演化过程（唐子来，1997）。其中，物质属性的城市空间演化主要表现为城市规模扩张和城市空间组织形态的变化；社会属性的城市空间演化主要集中在三个方面：一是城市内部功能空间的复杂变化和重新组合（张庭伟，2001），二是城市经济出现“经济服务化”趋势，即通常所说的城市产业结构“软化”，三是城市居民的生活空间外移及重要工业的“郊区化”。事实上，无论是城市物理空间演化还是城市社会空间演化，均反映在城市用地规模和用地功能变化上，即反映在城市规划方面（后锐等，2006）。

我国城市化进程正处于加速发展时期，城市处于快速成长阶段，其表现是：城市人口规模、用地规模不断扩大，城市产业结构、用地结构不断调整。城市空间演化一方面满足了产业升级、转型对城市空间的需求；另一方面促进了城市的功能替代，保持了城市发展的活力。与此同时，城市用地规模的扩展，以及城市用地结构的变化，引起了城市地域结构的重组，导致城市经济结构、社会结构、职能结构发生了深刻变化，对城市化进程产生了决定性的影响，或者促进了城市化进程，或者延缓了城市化进程，关键在于是否遵循城市化进程与城市空间演化过程的客观规律，以及城市化进程是否与城市空间演化过程相协调。所以，城市空间演化问题是我国城市化进程中一个很重要的问题（朱英明等，2000）。

2.2 城市空间演化的相关理论

2.2.1 霍华德的田园城市理论

田园城市理论是英国学者霍华德 1902 年在他的著作《明日的田园城市》中提出的。霍华德设想的田园城市实质上是城市和乡村的结合体。他认为，城市的规模必须加以限制，使每位居民都能极为方便地接近乡村自然空间（Butlin et al.，1899）。这一理论对现代城市规划思想起到了重要的启蒙作用，霍华德对城市密度、空间布局、绿色植被等城市规划问题均提出了具有划时代意义的见解，对后来的“有机疏散理论”“卫星城镇理论”影响较大。另外，霍华德的田园城市理论首次提到了城乡一体融合发展的新模式，田园城市应该兼有城市和乡村的有利条件，而没有两者的不利条件，城市只有和乡村融为一体才能彻底解决复杂严峻的社会环境问题。这和我国提出的城乡一体化的规划原则非常相似。在当时的社会背景下，田园城市理论是对西方社会生活的一次革命，霍华德也因此成为西方近代具有重要影响力的城市规划思想家之一。

2.2.2 勒·柯布西埃的现代城市理论

勒·柯布西埃是 20 世纪法国最著名的建筑规划大师。他于 1922 年发表了“明天城市”规划方案，提出了现代城市理论。该理论的核心主旨是希望通过对物质空间的系统改造来改变整个社会的人文环境和地理环境。就城市拥挤问题，勒·柯布西埃想通过对大城市结构的重组，在人口进一步集中的基础上，合理进行城市功能分区，提议在城市内部建设大量高层建筑，以及地铁和人车分离等高效率的交通系统，不主张在郊区重新建设卫星城镇。事实上，这种理念在一定程度上改善了一部分城市发展过程中出现的问题。但是，这种通过钢筋水泥式的高层建筑进行的集中发展思想破坏了城市的人文历史景观，使城市变得雷同而缺乏人情味。

2.2.3 伯吉斯的同心圆理论

美国社会学者伯吉斯于 1923 年提出了同心圆理论。伯吉斯主要是从居住人口和居住区的类型进行分析的，他认为是向心、专业化、分离、离心、向心性五种力的作用使城市产生了地域分异。其中，城市各地带不断地侵入和转移，就形成了同心圆式的扩散过程。其缺陷主要表现在：一是没有考虑各区之间的交叉和城市交通的作用；二是没有考虑作为城市主要活力的工业活动布局及其对城市土地利用的影响。伯吉斯注意到了城市中心是中央商务区（Central Business District，CBD）。CBD 作为现代城市的中心已成为一种广泛的规律，并反过来制约城市规划和城市更新，特别是为东方传统城市中以政权为中心的城市布局提出了修正方向。在中国，一些城市正在把位于城市中心的行政机构迁走，以发展商务职能。从这个意义上说，伯吉斯的同心圆理论对于单核心城市有一定的参考意义。

2.2.4 霍伊特的扇形理论

霍伊特对美国城市的房租进行了研究，通过对城市住宅布局九种倾向的考察，认为城市土地利用呈现扇形格局。霍伊特的扇形理论说明了三个问题：一是城市中心是 CBD；二是低等级住宅区与商业批发区、轻工业区交叉、混杂；三是各等级住宅区是按区分布而不是按与中心的距离分布。在霍伊特的扇形理论中，城市布局的职能区划已见雏形，而且城市交通特别是 CBD 的交通线及对外交通线对城市布局有很大影响。

2.2.5 哈里斯与乌尔曼的多核心理论

20 世纪 40 年代，奎因提出 CBD 是城市的主要中心，除此之外还有其他中心，其各自影响了一定的地域范围。哈里斯与乌尔曼在此基础上研究了各类城市的地域结构，认为城市中心的多元化和城市地域结构的分异是由四个过程作用形成的：①各种行业以自身利益为目标的区位过程；②产生集聚效益的过程；③各行业利益对比进而发生的分离过程；④地价和房租对行业区位的作用过程。在此基础上，哈里斯与乌尔曼提出了多核心理论。在多核心理论中，CBD 仍然是城市活动中心，但不一定是几何中心，常常偏向一方。面向本区市场的商业批发区和低污染轻工业区紧邻 CBD 布局，低等级住宅区仍围绕 CBD 和商业批发区集聚，中高等级住宅区则集聚在 CBD 另一侧，住宅区内分布着大量公共文化设施，工业区则主要分布在外围远郊区域，附近有独立的住宅区。在多核心理论中，城市地价并非从中心向外围呈现单纯递减趋势，而是出现几个峰值区：在早期初级城市阶段，从中心到边缘地价不断递减；而在城市多核心时代，除 CBD 外，城市还有其他次中心，因此多核心理论更符合现代城市的特征。

2.2.6 克里斯泰勒的中心地理论

中心地理论是由德国经济地理学家克里斯泰勒在 1933 年出版的《德国南部的中心地原理》中首次提出的。克里斯泰勒认为，三个原则支配城市等级体系的形成，分别是市场原则、交通原则和行政原则。在这三个原则的支配下，中心地空间网络呈现不同的结构特征，并且中心地和服务范围大小的等级顺序有严格的规定，可排列成有规则的、严密的系列。

克里斯泰勒最早提出的市场是自发形成的农村市场，其是按照资本主义自由竞争关系发展集聚起来的中心地。一般来说，以市场经济为主的低等级中心地的结构布局用市场原则解释比较恰当。交通原则更适合新开发区，交通网络经过地区呈现线状分布。交通原则最有可能在现实社会中出现，比市场原则作用更大。高等级中心地对远距离的交通要求高，因此，高等级中心地一般按照交通原则布局。行政原则适用于具有强大统治机构的地区，或者该区域以行政组织为基础。对于自给性强、相对偏远的地区，行政原则的作用会比较强。中等级中心地受行政原则影响较大。

各种条件作用所形成的区域模型中的各等级体系的变化无法用固定的语言来描述，因此克里斯泰勒认为消费者首先会选择离自己最近的中心地。但在现实中，消费者的行为受多种需求支配。消费者更倾向于在高等级中心地进行经济或社会行为活动，这会导致高等级中心地的市场区域范围不断扩大，从而使中心地系统结构发生畸变。但是，这些缺陷丝毫不影响中心地理论的伟大作用和历史地位。中心地理论是区域经济学研究的理论基础之一，在研究区域结构时，克里斯泰勒所描述的中心地与腹地间的关系对合理布局区域公共服务设施及建设经济社会职能有重要的指导意义。中心地理论与反磁力吸引体系都用来解释一个区域或国家内的城市等级及其空间分布形态特征、分布原则。另外，一些地理学家和城市规划学者认为，城市中心的服务范围与中心地理论、反磁力吸引体系有很多相通之处，可以用来解释部分城市中心地规模和功能定位，以及城市商业中心体系的分布特征（Christaller，1966）。

2.2.7 马丘比丘宣言思想理论

1977 年，一些城市规划设计师以《雅典宪章》为出发点，在马丘比丘山签署了新的宣言。该宣言证明了建筑与规划的现代运动的生命力和连续性，表明了城市规划理论由《雅典宪章》的“功能分区”向“功能综合”转变的倾向，指出“功能分区”破坏了城市的有机联系，没有考虑到城市居民之间的密切关系。该宣言明确提出：不能把城市看成组成部分的拼凑，而是要努力创造一个综合的、多功能的有机环境，从而使城市能在这一有机的、动态的环境中成长和发展，强调了城市规划的动态性和过程性。马丘比丘宣言思想理论认为，城市发展的最终动力应是人类文化、社会交往模式和政治结构。该宣言宣扬了社会文化的基本思想，摒弃了机械主义物质空间决定论。

2.2.8 卫星城及新城建设理论

卫星城及新城建设理论可追溯到霍华德提出的田园城市理论。卫星城是中心城区职能的延伸，它环绕在中心城区周边，与中心城区密切相关，又具有相对独立性。第一代卫星城即“卧城”，居民的工作和文化生活仍在中心城区，卫星城仅作为生活居住之用。第二代卫星城的规模进一步扩大了，为了居民生活方便，政府配备了一定数量的公共设施，一些工厂也搬迁到卫星城，部分居民可以就近工作。第三代卫星城基本独立于中心城区，城市功能更加齐全，不但就业机会明显增多，日常生活也更加方便。第三代卫星城中，文化、教育、休闲、娱乐、金融、餐饮等功能一应俱全，其中心基础设施齐全且现代化，所以也叫作新城。新城可以满足居民的就地工作和生活需要，是一个职能健全的独立城市，对中心城区的依赖性较小。卫星城的发展历程经历了第一代的“卧城”到第三代的新城，城镇人口和地理空间由小到大，承担的城市功能由单一到综合，其目的也从最初的疏散人口演变为城市重新布局和区域的长远均衡发展。

2.2.9 有机疏散理论

有机疏散理论是芬兰学者埃列尔·沙里宁于 1942 年首次提出的。有机疏散理论认为：应将行政事业机构保留在城市中心，而将工业移出城市中心；日常活动的区域集中布置，偶然活动的场所分散布置；日常活动以步行为主，减少交通压力、缩短堵车时间；以重组城市功能为起点，实行城市的有机疏散，延缓中心城区的衰落，科学规划新城职能，只有这样才可能保持城市的活力，实现城市健康有序发展。

2.3 城市空间演化影响因素

城市空间演化过程是各类城市活动空间分布的变迁过程。城市空间演化过程包括各类城市活动规模变化及其空间分布的变化，当城市活动数量增多时，其空间分布格局在变化的同时会伴随着外溢，即城市扩张。城市活动场所为企业和家庭，因此城市活动大致可以分为企业和家庭两大类（城市活动分类在后续章节会详细阐述）。各类活动的影响因素有所不同，其区位选择也会不同，本书后续章节在讨论建立城市土地利用—交通相互作用模型时会详细讨论。

在宏观层面，城市演化的影响因素概括起来大致有以下几个方面。

2.3.1　经济因素

不同的经济发展水平会对城市空间结构产生不同的影响，它是产生城市功能和城市空间结构矛盾最活跃的因素之一。经济发展不仅打破了城乡空间结构系统的平衡，而且促使技术、政治、居住等外部影响因素发生变化，以增强城市空间结构的适应能力。当城市功能拓展没有超出城市空间结构的承载限度时，城市空间结构保持稳定状态；而当城市经济水平的提高致使城市功能拓展超出了城市空间结构的承载限度时，城市空间结构就会发生局部或整体调整。这时新的边缘区产生，原有边缘区逐步完善或成为市区或衰退，使城市空间结构不断适应经济系统的改变。

经济发展水平对城市空间结构的具体影响主要体现在以下几个方面。一是城市建设资金条件的改善使城市有能力增加对基础设施的投资，从而增强该地区对各种城市活动的吸引力；城市建设资金条件的改善还能为旧城改造与新区建设提供经济保障，从而引起城市空间结构的变化。二是城市经济水平的提高促进城市产业结构的升级，使城市用地出现新的需求类型，尤其是促使以信息产业和服务业为主的第三产业的比重不断上升，使城市功能由原来的以生产功能为主逐步让位于以服务功能为主，这种功能的转变要求城市空间结构实现重组。三是在微观层次上，经济组织形式也会影响城市空间结构的变化。在生产社会化程度较低的组织形式下，生产单位内部劳动分工程度很低、组织系统性不强，没有等级体系和功能分化，这种经济组织形式导致用地功能分区不明确、缺乏空间等级体系的城市空间结构；在生产社会化程度较高的经济组织形式下，社会分工明确且形成不同的等级体系，在城市空间结构上表现为城市用地功能分区的出现，以及城市空间结构的多核心化。

此外，经济发展速度的周期性决定了城市空间扩展速度的周期性（杨荣南等，1997）。城市空间扩展并非逐步、均匀地向外推进，而是存在周期性变化，这种周期性特征是随经济发展的波动而变化的。当经济处于高速发展阶段时，城市空间快速扩展；反之，城市空间扩展停滞。实践表明，当经济高速增长时，城市空间扩展形式主要表现为建成区范围外延式扩展，城市用地呈现松散状态，紧凑度指数（用地规模与城市最小外接圆面积之比）减小；当经济稳定增长或缓慢发展时，城市空间扩展形式由外延式扩展转为内涵式扩展，即以内部填充与改造发展为主，城市的紧凑度指数增大。

2.3.2 人口因素

城市人口的空间变动也是城市空间结构演化的一个极其重要的方面（冯健等，2002）。城市人口的内部迁移有一定的方向和距离，长期迁移会改变人口导入地和人口导出地的人口数量，进而影响整座城市的人口空间分布格局。同时，迁移者有不同的年龄、职业、收入和教育水平，长期迁移使具有相同社会特征的迁移者在某个地域集聚，城市社区为此形成和得以维持。随着人口的迁移、人口空间分布的改变、城市社区的形成，与之相关的地域功能也会相应改变。

2.3.3 社会文化因素

城市空间结构实质上是一种复杂的人类社会、经济、文化活动在空间上的物化形态。现实的城市空间结构无不沉淀着历史、社会制度、宗教信仰、社会结构和文化类型的印迹，城市空间的演化更表现出由于历史、社会结构和文化多样性所塑造的相异性特征。因此，城市的社会、文化活动对城市空间的形成和发展有相当重要的影响。可以说，城市空间是地域文化的载体，任何一种城市空间都是在文化的长期积淀和作用下形成的。在城市空间动态变化过程中，人类文化塑造了城市空间结构，而延续进化的城市空间结构反过来又影响了人类行为（陶松龄等，2001；郑莘等，2002）。

2.3.4 城市职能及规模因素

城市职能是指，城市在一定区域内政治、经济、文化活动中的地位和作用，它直接影响城市规模、城市用地构成、产业结构等，而这些又将对城市空间结构产生重要的影响。同时，城市规模决定了城市活动的半径和交通方式，这是城市空间结构的决定性因素，因此不同职能、不同规模的城市空间结构一般会有差异。在一定的规模条件下，同心圆圈层式扩张可以获得较高的集聚效益，因此城市新扩展项目在寻求自身生存和发展的外部条件时，会紧邻市区选址，这样可以维持与市区方便的协作联系，以及充分利用城市的基础设施和社会服务设施，从而减少投资费用。但是，当城市规模进一步扩大时，这种发展模式的弊端也逐渐显露出来，如一圈圈环路成为城市扩展的一道道人为制造的门槛、各种职能区混杂严重、城市中心区不堪重负等。

2.3.5 自然条件因素

自然条件因素主要是指城市周围的地形、地质、水文、气候等自然地理特征。作为城市发展的基础条件，自然条件因素通过城市选址、城市格局、用地潜力、功能区组织、工程管网、绿地布局及城市景观的组织等方面直接影响，甚至在一定程度、一定时期决定了城市发展演化的空间结构和形态。例如，工业区和居住区布局应考虑风向的约束，建设用地应选择土地承载力高、防洪条件好的地段，将坡度较大、承载力较低的地带作为绿化用地，等等。当然，自然条件因素通常不可能单独对城市空间结构产生影响，而是通过与其他因素结合共同作用（刘汉州等，2001）。自然条件因素是一个必要条件，但不是一个充分条件。随着科技的进步，虽然自然界对人类的影响会有所减弱，但自然条件因素仍然是影响城市空间布局的重要因素之一。

2.3.6 技术因素

从城市发展历程来看，技术创新是城市空间结构及其变化发展的重要因素。生产方式变革，使得原有生产关系发生改变，进而影响和促进人们改变生产和生活方式，反映在城市空间中就是城市空间的演化和更新。其中，最为重要的技术创新包括交通运输技术和通信技术的进步。

交通可达性对于城市空间演化起决定性作用，不同交通运输时代会形成不同的城市空间结构（邱建华，2002）。在步行与马车时代的“常规路网”作用下，城市空间结构往往呈现单中心的同心圆布局模式；进入电车和火车时代之后，城市的辐射范围迅速扩大，促使城市沿着交通线路向周边地区扩展；随着私人汽车的兴起和普及，城市内部的“快速道路系统”使得城市居民生活和生产活动受到城市中心的区位约束逐渐减弱，城市开始向边缘郊区蔓延；城市间现代化高速公路等基础设施的修建，又使得城市空间趋向于松散化。不同层次的道路系统各自承担着不同的交通职能，在城市中既相互连接又相对隔离，构成了复杂的城市道路网络系统，而城市道路网络系统往往具有长时间的稳定性，因而以其为“基本骨架”形成了现代城市的基本格局。

交通方式的进步也会影响城市内部的地域分化。城市内部的地域分化是城市各种经济活动不断选择各自有利区位的结果（邱建华，2002）。城市不同地段交通环境的便捷性具有显著差异，这会引导企业和消费者的区位选址，从而影响城市土地利用方式。此外，完善的交通系统是城市大规模开发的先决条件（武进等，1990）。交通基础设施条件的不断改善打破了城市居民出行的时空限制，促使就业、居住等人口向城市边缘区、远郊区大规模流动，诱发交通道路沿线土地和边缘区的大规模开发，使城市空间以轴向特征为基础定向扩张，从而拉开了城市各种地域在空间上的距离，使得城市内部的地域分化在更大范围的空间尺度上进行（周溪召等，1999）。

通信技术的进步对城市空间结构演变的影响也越来越明显。城市生产生活的数字化和网络化减弱了空间距离对人类活动的限制，提升了城市物质交流的效率和容量，使得人们活动的区位选址获得了更大的灵活性。企业可以选择地价更低的郊区建造厂房，居民倾向于在环境优美的郊外居住生活，城市空间格局趋于分散化，甚至可能导致整座城市空间结构的重构。

2.3.7 政策和制度因素

城市从产生到发展的每个过程都与政策和制度有关，城市空间演化也带有明显的政治色彩。在城市管理中，规划控制和城市建设发展的方针和政策在不同程度上促进或抑制着城市空间结构的演化。其中，城市规划作为干预城市建设的主要手段，在调整和制止不合理的城市形态发展方面，正在发挥越来越重要的作用。其核心是解决城市土地利用的规模和空间布局问题，城市的地块使用功能、开发强度和环境要求都取决于城市规划的控制要求。一方面，中心城市因用地扩张而拥有更广阔的发展空间，新的城市规划必将从更大的空间尺度考虑产业布局及城市空间结构布局问题；另一方面，被吞并的郊区空间发展也将面临机遇和挑战。首先，它要作为中心城市人口和产业外迁的重要接收地存在；其次，在多数情况下，它被作为市区多核组团中的一部分，还要面对空间发展的主观能动性减弱问题，以及由于办事环节增多而导致的工作效率低下等问题。不同的规划实施过程也会影响城市空间扩展方式，尽管城市政府对城市发展的干预逐渐转变为以间接调控为主，但在体制转轨过程中，政府的控制力量仍然很强，对城市的发展和土地利用仍具有很强的影响作用。所以，政府的政策与规划控制依然是城市发展及其空间结构演化的一个重要因素。

2.4 城市空间演化阶段与形态

城市的发展始终处于不断的变化之中，其空间形态同样经历了一系列阶段性的演化过程，主要体现在城市空间扩展方面。尽管由于城市发展的环境存在差异，城市空间演变的方式复杂而多样化，但这种阶段性演变过程，作为城市发展的一种普遍现象，具有一些共同的特征。就城市发展阶段来看，城市空间演变基本经历了点状形成、轴向扩展、伸展轴稳定、内向填充、再次轴向伸展五个阶段；就城市空间形态演化基本方式来看，城市空间形态演变主要有蔓延式生长、连片生长、伸展轴生长、跳跃式扩展四种形式。因此，城市空间演化在扩展程度上表现出周期性规律，在扩展方向上表现出轴向规律，在扩展动力上表现为功能结构规律（胡海波，2002）。

城市空间结构演化始终受到两个方面力量的制约与引导：无意识的自然生长发展，有意识的人为控制。两者交替作用构成城市形成、发展、消亡的原动力。人类对城市空间演化的干预几乎是伴随着城市一起产生的，这种干预具有主动性和目的性，对城市空间结构演化过程产生的影响有三种可能：一是当人类组织力与城市空间自组织力耦合同步时，加速城市的发展；二是修正空间自组织过程及方向，对城市空间结构演化进行引导，使之向特定方向发展；三是阻碍或延缓空间自组织过程及方向。这完全取决于人们主动作用的目的、方式和能力，它与人们的价值观念和主观取向直接相关。

2.5 城市空间演化模拟研究意义

我国目前正在着力推进新型城镇化建设工作，明确要求坚持以人口城镇化为核心，全面提升城镇化质量和水平。截至 2019 年，我国已实现 60%的常住人口城镇化率，根据 2035 年基本实现现代化的发展目标，仍需要向 70%的常住人口城镇化率迈进。不同于以往粗放型的土地城镇化，以人为本的城镇化必将引发城市社会、经济空间重构，因此，模拟城市空间演化过程，科学性、前瞻性地预判城市空间发展趋势，制定有效的应对措施，不容回避。

目前，我国关于城市空间的研究侧重于分析实证，集成模拟研究相对薄弱，城市空间决策仍然期待强有力的科学支撑。土地利用－交通相互作用

(LUTI)模型为城市空间发展模拟提供了重要途径，但其应用研究在发达国家相对较多，并且主要针对特定城市开发，少有商业化。此外，传统的 LUTI 模型面临实现更精细化社会、经济空间发展模拟的瓶颈，亟待拓展新的实现途径和方法。

本书旨在阐述城市空间演化模拟方法，重点阐明 LUTI 模型的概念、原理及实现方法，并以北京市为例建立动态的、基于“活动”的 LUTI 模型，模拟城市社会、经济活动空间演化过程，开展情景试验。本书所建模型是 LUTI 模型在我国城市的发展和应用，藉此丰富我国城市空间演化模拟研究，助力我国城市空间决策。

2.6 本章小结

城市空间处于不断演化过程中，其演化过程是城市地理学关注的经典内容，学界也有长期的研究积累。本章剖析了城市空间演化的概念，简析了城市空间相关经典理论，包括霍华德的田园城市理论、勒·柯布西埃的现代城市理论、伯吉斯的同心圆理论、霍伊特的扇形理论、哈里斯与乌尔曼的多核心理论、克里斯泰勒的中心地理论、马丘比丘宣言思想理论、卫星城及新城建设理论、有机疏散理论等。这些经典的理论对于我们认识城市空间及其演化过程起到了重要作用。本章还简述了城市空间演化的影响因素，包括经济因素、人口因素、社会文化因素、城市职能及规模因素、自然条件因素、技术因素、政策和制度因素等。城市空间演化受多种因素影响，这些只是其中常见的影响因素。城市空间演化模拟研究应抓住其中的主要影响因素。

在回顾城市空间经典理论、简析城市空间演化影响因素的基础上，本章进一步分析了城市空间演化阶段及形成特征，阐明城市空间演化过程模拟研究的意义。城市空间演化是一个复杂的过程，科学、合理的城市空间政策是确保城市空间健康发展的重要保障。城市空间发展演化不容彩排，为确保政策合理性，亟须开展城市空间演化过程模拟，检验不同政策效果，以提供决策支持。土地利用一交通相互作用（LUTI）模型为城市空间发展模拟提供了重要途径，但其应用研究主要存在于发达国家，因此开展 LUTI 模型在我国城市的应用研究，对辅助我国城市空间决策、丰富我国城市研究方法具有重要意义。

参 考 文 献

[1] Christaller W. Central Place in Southern Germany[M]. Translated by C. Baskin. London: Prentice Hall, 1966.

[2] F. M. Butlin，E. Howard. Tomorrow: A Peaceful Path to Real Reform[J]. Economic Journal, 1899（9）: 71-72.

[3] 冯健，周一星. 杭州市人口的空间变动与郊区化研究[J]. 城市规划，2002（01）：58-65.

[4] 后锐，西宝. 信息化条件下城市空间演化的特征研究[J]. 学术交流，2004（2）：121-125.

[5] 后锐，张毕西. 基于城市空间演化的物流设施布局与规划[J]. 城市问题，2006（4）：32-35.

[6] 胡海波. 城市空间演化规律和发展趋势——以常熟为例[J]. 城市规划，2002（04）：64-68.

[7] 黄亚平. 城市空间理论与空间分析[M]. 南京：东南大学出版社，2002.

[8] 刘汉州，汤世才. 小城镇的城乡二元复合性分析[J]. 小城镇建设，2001（03）：18-21.

[9] 邱建华. 交通方式的进步对城市空间结构、城市规划的影响[J]. 规划师，2002（07）：67-69.

[10] 孙施文. 城市规划哲学[M]. 北京：中国建筑工业出版社，1997.

[11] 唐俊. 基于多主体模型的兰州市城市空间演化过程及动态模拟[D]. 西安：西北大学，2016.

[12] 唐子来. 西方城市空间结构研究的理论和方法[J]. 城市规划汇刊，1997（6）：1-11.

[13] 陶松龄，陈蔚镇. 上海城市形态的演化与文化魅力的探究[J]. 城市规划，2001（01）：74-76.

[14] 武进，马清亮. 城市边缘区空间结构演化的机制分析[J]. 城市规划，1990（02）：38-42，64.

[15] 杨荣南，张雪莲. 城市空间扩展的动力机制与模式研究[J]. 地域研究与开发，1997（02）：2-5，22.

[16] 张庭伟. 1990 年代中国城市空间结构变化及其动力机制[J]. 城市规划汇刊，2001（7）：7-14.

[17] 郑莘，林琳. 1990年以来国内城市形态研究述评[J]. 城市规划，2002（07）：59-64，92.
[18] 周溪召，李朝阳. 大城市交通发展的研究[J]. 规划师，1999（01）：96-99.
[19] 朱英明，姚士谋，李玉见. 我国城市化进程中的城市空间演化研究[J]. 地理学与国土研究，2000（2）：12-16.
[20] 朱英明，姚士谋. 苏皖沿江地带城市空间演化研究[J]. 经济地理，1999（3）：48-53.

第3章

城市空间分析与模拟方法

城市空间作为人文地理学的经典研究对象，受到学术界的长期关注，也积累了大量的研究方法，建立了一些城市空间模型。但是，各城市空间模型之间存在很大的差别。根据功能不同，笔者将城市空间模型分为分析模型和模拟模型两大类。城市空间分析模型通常用于协助研究人员认识城市现象，了解或描述城市各要素之间的相互作用关系，通常为具体的数学模型，在应用中大多基于历史数据开展分析，帮助人们认识并描述城市空间发展规律，这是进行城市空间演化模拟的前提。城市空间模拟模型是对城市空间发展过程的拟合，是对事物发展过程的抽象表达，其主要作用是预测城市空间的发展趋势，其实现通常基于多个数学模型，并且可以采用不同的数学模型实现，是对城市空间发展规律的进一步演绎。

3.1 城市空间分析模型

3.1.1 城市空间分析模型概述

城市空间分析模型是指能够帮人们认识和描述城市空间发展规律的模型。其可以大致分为两大类：一类是统计分析模型，如方差分析模型、相关性分析模型、回归分析模型、聚类分析模型、主成分分析模型、投入—产出分析模型等，可以借助这些统计分析模型解析城市各要素的定量关系；另一类是空间分析模型，侧重于分析城市空间的相互作用关系，如空间扩散模型、距离衰减模型、引力模型和潜力模型等。

城市是一个空间实体，因此，城市空间分析模型的发展过程也是城市空间研究的发展过程。1933 年，美国芝加哥大学的城市地理学家科尔比教授提出了向心力—离心力学说，对城市土地利用变化与地域分化进行了概念描述（周一星等，2003；周成虎等，1999）。美国学者威廉·赖利（W. J. Reilly）调查了美国 150 座城市，并结合万有引力定律总结出城市人口与零售引力的关系，于 1931 年提出了“零售引力规律”（Reilly，1959），即一座城市对周围地区的吸引力与其规模成正比，而与它们之间的距离成反比，这为区域空间联系的定量分析奠定了基础。随后，P. D. Converse 在威廉·赖利的理论基础上于 1949 年提出断裂点（Breaking Point）的概念（Converse，1949），确定了城市间联系的分界点，并用居民购物出行的调查数据对模型进行了变量检验和参数校正。Zipf 发展了威廉·赖利定律，奠定了城市体系空间相互作用的理论基础（Zipf，1946）。1999 年，陈顺清利用城市增长和土地增值研究观点，提出了城市发展向心力—离心力—摩擦力的概念模型，其能初步反映城市组织结构的形成过程和发展变化（陈顺清，1999）。1953 年，瑞典学者 T. Hagerstrand 在其《作为空间过程的创新扩散》一文中首次提出了城市空间扩散问题，创新指出由源地向周围扩散的方式有波状扩散、辐射扩散、等级扩散、跳跃扩散等形式，各种空间扩散过程具有独特的屏障作用和不均质的社会、经济发展，由此开创了空间扩散的研究先河（Hagerstrand，1967）。

城市空间分析模型层出不穷、难以穷举，但概括起来其侧重于对城市空间发展特征、规律等的归纳总结。下面分别介绍两种较复杂的城市空间分析模型，即双重差分模型和复杂网络分析模型及其应用。

3.1.2 双重差分模型应用——中国高铁站溢出效应及其空间分异

1. 研究问题

目前，我国正在着力建设高铁网络。2008 年 8 月，我国首条具有自主知识产权、设计时速达 350 千米的京津城际铁路通车运营，标志着我国正式迈入高铁时代。截至 2018 年，我国高铁里程提升至 2.9 万千米，占世界高铁总里程的 2/3；我国高铁年客运量也从 2008 年的 734 万人次增加到 2018 年的 33.7 亿人次。我国已经成为世界上高铁里程最长、高铁运营网络最复杂的国家之一（Hu et al.，2019）。着眼于高铁对城市经济发展的影响，学者们开展了大量研究，但由于案例区、研究方法、研究期的不同，得出的结论也不同。一种结论认为，高铁可以增强城际联系，使中心城市知识和技术的涓滴效应得到进一步强化（Albalate et al.，2012），中心城市的优质资源和要素也会扩散到周边地区，从而带动周边地区经济增长、缩小地区差距，实现区域经济的协调发展（王雨飞等，2016；Ahlfeldt et al.，2017；Zheng et al.，2013；Campos et al.，2009）。另一种结论认为，高铁的投运对本身竞争力强的城市较为有利，而仅为竞争力相对落后的城市创造了改善地位的契机，也可能存在导致经济活动流出的负面影响，最终结果取决于外溢与回波效应的叠加结果（Ahlfeldt et al.，2017；何天祥等，2020；崔学刚等，2018；Pol，2003）。Kim 研究发现，2010—2011 年韩国高铁扩建完成后，韩国的空间公平性正在退化，交通便利性提高带来的收益集中在本已很发达的首尔地区（黄春芳等，2019）。Givoni 研究得出，高铁在短期内可能对区域经济增长有促进作用，但从长期来看处于高铁网络边缘地区的经济增长率会下降（Givoni，2006）。

尽管结果不一，但中国高铁站的投运必将提升其周边地区的交通可达性，诱发经济活动的集聚，具体表现为土地利用开发强度的提升及房地产价格的上涨（Diao，2018），即本书关注的高铁站溢出效应。许多地方政府都将高铁站视为经济发展的引擎，在高铁站周边地区投入大量资源，希冀借助高铁红利重振当地经济、助力城镇化进程。高铁对区域经济发展带来怎样的影响成为学界热议的话题。目前，相关研究多以行政区划为观测单元（Zheng et al.，2019；俞路等，2019），将高铁站对周边城市的空间溢出效应视为同质且无差异（Banister et al.，2001），但是，城市是具有复杂网络结构和空间等级的地理空间实体，高铁对城市发展的影响通常集中于高铁站周边地区（Zheng et al.，2019；Ureña et al.，2009），部分远离市中心的高铁站的影响辐射半径倾向于跨越行政边界，所以传统的基于行政区划的统计指标（如 GDP）难以真实反映高铁站溢出效应（徐康宁等，2015；Liu et al.，2009）。

在基于行政区划的统计数据难以描述城市微观结构时（徐康宁等，2015；Liu et al.，2009），城市夜间灯光指数为其提供了一种新的途径。已有研究表明，城市夜间灯光数据与经济活动分布高度一致（Elvidge et al.，2009）。城市夜间灯光数据可以栅格化到不同尺度，目前已被广泛应用于交通和城市空间结构研究（Ghosh et al.，2010；Amaral et al.，2006；Elvidge et al.，1997；Baum-Snow et al.，2017；Gonzalez-Navarro et al.，2018；王振华等，2020）。据此，本节基于城市夜间灯光数据，采用双重差分模型度量高铁站溢出效应，探明其空间分异规律和影响因素，以期为中国高铁站布设和高铁新城规划提供参考。

2．研究方法——双重差分模型

高铁站周边经济活动变化来源于两个方面：一是高铁站建设与运营产生的效应，即高铁站溢出效应，也称为“政策效应”；二是城市自身扩张带来的自然增长（Givoni，2006），即时间效应。因此，解析高铁站溢出效应需要剔除时间效应，从高铁站周围经济活动变化中剥离出高铁站溢出效应。为此，本节将高铁开通视为一次准自然试验，利用高铁站所在城市和开通时间上的差异，采用渐进性双重差分法（也称为多时点双重差分法，Difference in Difference，DID）计算高铁站溢出效应。DID 能够对影响经济发展的一般性因素加以控制，同时控制不随时间变化的不可观测因素，可以很好地识别政策效应、减小误差，提高模型的解释力（Beck et al.，2010），被广泛用于高铁与城市扩张研究（Urena et al.，2009；Ahlfeldt et al.，2017）。

双重差分法要求为研究区（高铁站周围地区，即受高铁站溢出效应影响的区域）设定对照区（不受高铁站影响的区域），并且保证两个组别在政策冲击下具有相同的发展趋势（平行趋势）。为此，本节选取高铁站周围 4 千米半径范围作为研究区，测算高铁站溢出效应，该范围对应的区域面积约 50 平方千米，大致是中国城镇的平均面积（Diao，2018）。另外，选取高铁站周围 4～8 千米的环状区域作为对照区。研究区和对照区的选择须满足平行性和稳健性检验要求（见下文）。本节分别提取高铁站周围研究区和对照区平均灯光强度（Average Digital Number，ADN），所采用的双重差分模型为（Diao，

2018；刘勇政等，2017；Shao et al.，2017；Lin，2017）

$$Y_{it}=\alpha+\beta \mathrm{HSR}_{it}+\boldsymbol{X}_{it}\gamma+\mu_i+\lambda_t+\varepsilon_{it} \tag{3-1}$$

式中，α 是常量，Y_{it} 为站点 i 周围（研究区或对照区）t 年份的经济活动强度，采用 ADN 表征，使用该变量的好处在于可以克服生产函数中由于双向因果关系而产生的“内生性问题”；核心解释变量 HSR_{it} 为虚拟变量，表征研究区是否开通高铁，高铁开通当年及之后各年研究区的 HSR 取值为 1，否则为 0；$\boldsymbol{X}_{it}$ 是一个向量，包括站点区位变量、社会经济变量，用于控制其他因素对城市经济发展的影响；μ_i 是个体固定效应，表征样本不随时间变化的特征；λ_t 是时间固定效应；ε_{it} 是随机误差项；统计量 β 用于衡量高铁站投运后产生的净溢出效应，如果净溢出效应显著，则说明高铁开通显著刺激了周边地区的经济活动。

3．研究数据

1）*夜间灯光数据*

目前，双重差分模型中应用最广泛的夜间灯光数据是美国国防气象卫星搭载的可见红外成像线性扫描业务系统数据（DMSP/OLS；1992—2013 年），以及新一代极轨卫星搭载的可见光近红外成像辐射传感器数据（NPP/VIIRS；始于 2012 年）（李小敏等，2018）。DMSP/OLS 夜间灯光数据包括 1992—2013 年采用 6 个不同传感器拍摄的共 22 个年份的 34 期年度合成影像，影像的像元值（Digital Number，DN）代表其灯光强度，是未经星上辐射定标的相对亮度值。由于传感器不同，不同时段的卫星数据不具有可比性（Elvidge et al.，2009；曹子阳等，2015）。NPP/VIIRS 数据包括 2012—2017 年 69 期月度合成影像。NPP/VIIRS 传感器新增飞行校正功能，像元值（DN）是经过星上辐射定标后的绝对亮度值，其序列影像数据之间可比。不同卫星数据编号及运营时段如表 3-1 所示。

表 3-1　不同卫星数据编号及运营时段

传 感 器	运营时段
F10	1992—1994 年
F12	1994—1999 年

（续表）

传感器	运营时段
F14	1997—2002 年
F15	2000—2007 年
F16	2004—2009 年
F18	2010—2013 年
VIIRS	2012—2017 年

结合中国高铁发展历史，本节采用 2004—2017 年的夜间灯光数据，该数据横跨两代卫星，因此需要进行两个方面的校准：第一，DMSP/OLS 时序数据校正，实现各年份夜间灯光数据的可比性；第二，两代卫星数据连接，实现两者的可比性。逐像素校准法可被用于校准 DMSP/OLS 序列影像数据：首先，选取特定年份无变化区域的影像作为参考；然后，通过回归建立原始影像的像元值与校准后的像元值的函数关系，对夜间灯光数据加以校准（Zhao et al.，2019），如式（3-2）所示。

$$\mathrm{DN_c} = a\mathrm{DN}^2 + b\mathrm{DN} + c \tag{3-2}$$

式中，DN、$\mathrm{DN_c}$ 分别为校正前、校正后参考区内像元的像素值；a、b、c 为参数。参数的回归结果如表 3-2 所示。

表 3-2 多年影像 DN 校正的模型参数的回归结果

传感器	年份	a	b	c	R^2
F16	2004 年	−0.0016	1.1666	1.0701	0.8775
	2005 年	−0.0026	1.442	0.1668	0.9016
	2006 年	−0.0055	1.4985	0.0195	0.9083
	2007 年	0.0000	1.0000	0.0000	1.0000
	2008 年	0.0071	0.6311	1.3309	0.9000
	2009 年	0.0079	0.4576	1.9299	0.8909
F18	2010 年	0.0085	0.4456	2.0004	0.8229
	2011 年	0.0084	0.481	2.4218	0.8412
	2012 年	0.0086	0.5017	2.7798	0.8816
	2013 年	0.0084	0.4833	2.5755	0.8266

图 3-1 展示了 DMSP/OLS 序列影像数据经过连续性校正前后的参考区内单位面积平均夜间灯光亮度值（Average Digital Number，ADN）的统计结

果，结果显示校准后的单位面积平均夜间灯光亮度值序列更具连续性。

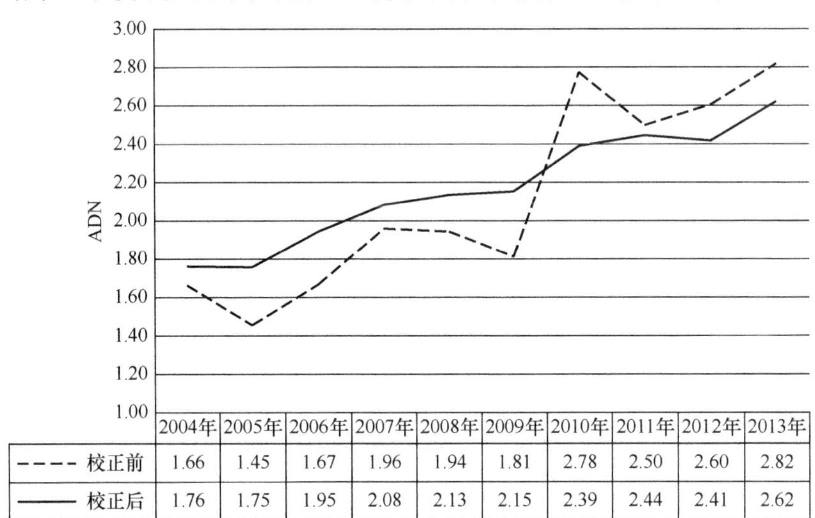

	2004年	2005年	2006年	2007年	2008年	2009年	2010年	2011年	2012年	2013年
校正前	1.66	1.45	1.67	1.96	1.94	1.81	2.78	2.50	2.60	2.82
校正后	1.76	1.75	1.95	2.08	2.13	2.15	2.39	2.44	2.41	2.62

图 3-1　DMSP/OLS 序列影像数据经过连续性校正前后的参考区内单位面积平均夜间灯光亮度值对比（2004—2013 年）

DMSP/OLS 和 NPP/VIIRS 两组序列影像数据在 2012 年和 2013 年存在重叠。着眼于校准两组序列影像数据的时空重叠部分，常用的校准方法有两种：第一种是像元校准法（Zhao et al.，2019；Lv et al.，2020），该方法选取两组序列影像数据重叠年份的特定区域，提取 DN，建立两组序列影像数据 DN 的函数关系；第二种是伪不变特征法（Pseudo Invariant Features，PIFs；Jeswani et al.，2017），该方法在 3×3、5×5 像素窗口上使用 Getis-ord Gi*统计和变异系数（CV）的组合提取伪不变特征区，使用足够数量的伪不变特征区构建拟合模型。采用像元校准法得出最优校准函数为 $y=152.72x^{0.7204}(R^2=0.8)$，其中 x、y 分别为 DMSP/OLS、NPP/VIIRS 序列影像数据的 DN。伪不变特征法得出最优校准函数为 $Y=38.67\ln X+12.07(R^2=0.8)$，其中 X、Y 分别为 VIIRS 的 DN 校正后的可比 DN。两种方法均可以达到很好的效果。对比两种方法的拟合系数和成像效果，本节采用校正结果更为连续的伪不变特征法校准数据，实现两组序列影像数据可比。

2）铁路交通及社会经济数据

本节涉及的高铁包以“C”“D”“G”开头的列车（焦敬娟等，2016）。根据国家铁路集团有限公司公布的高铁建设情况，截至 2017 年，我国共有 180 座城市开通了 527 个高铁站，分布如图 3-2 所示。可以直观地看到，高铁站在沿海地区分布较为密集，而在内陆地区尤其是西部偏远地区分布较为稀疏。东部、中部、西部、东北部地区开通高铁的城市数量分别为 67 座、60 座、39 座、14 座，占开通高铁城市总数的比例分别为 37.2%、33.3%、21.7%、7.8%。根据高铁站的兴建模式，高铁站可分为新建站点和升级站点，详细内容见结果分析部分。

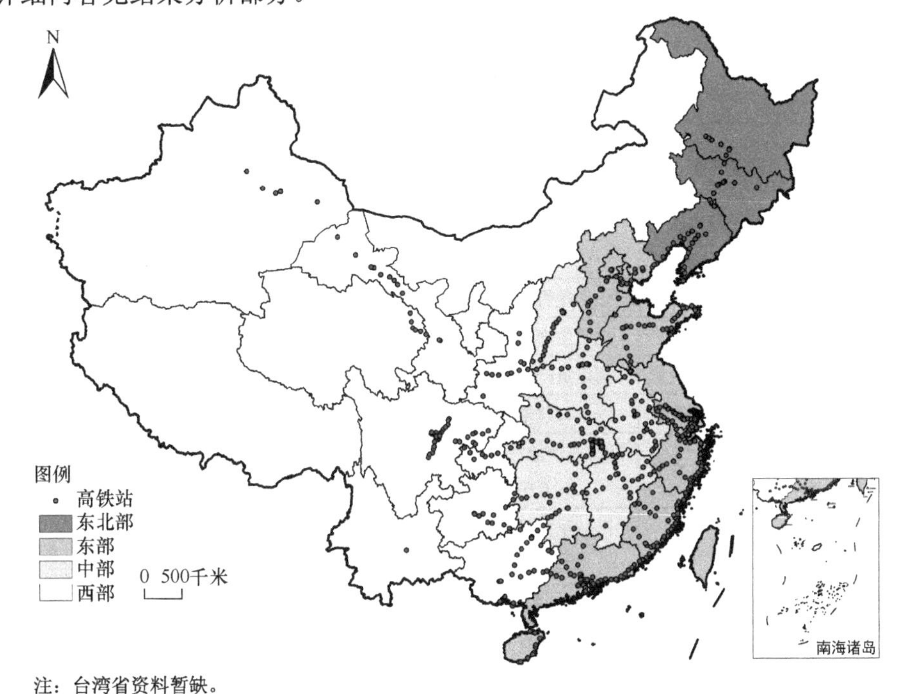

注：台湾省资料暂缺。

图 3-2　中国高铁站分布

为分析城市社会经济对高铁站溢出效应的影响，本节选取城市层面的指标包括地区生产总值（GDP）、固定资产投资、人口总量、产业结构（第二三产业增加值的比值）、第二三产业从业人员数量，这些指标均是表征城市社会经济的重要指标（张俊，2017）；选取站点层面指标包括同城高铁站数量、同城有无机场、高铁站与大都市的距离、高铁站营运列车数量。其中，同城高铁站数量和同城有无机场用于考量高铁站之间、高铁站与机场之间的竞合关系对高铁站溢出效应的影响，该问题是当下的研究热点。此外，现有研究表明高铁站与大都市的距离是影响高铁红利的重要因素（Zheng et al.，2013），因此，本节研究纳入高铁站与大都市的距离变量，采用高铁站与北京、上海、广州的最短高铁距离。高铁站营运列车数量用于表征高铁站的等级，该变量是高铁站旅客吞吐量的替代变量（无公开的高铁站旅客吞吐量统计数据）。剔除数据严重缺失的高铁站，剩余 520 个高铁站，对应的指标统计值如表 3-3 所示。其中，ADN 为站点周边地区经济活动强度，采用单位面积夜间灯光亮度值表征。本节解译了上述所有高铁站周边的灯光亮度值，对应于 180 座城市（详见下文研究方法部分）。

表 3-3　高铁站主要指标统计性描述

变　量	变量类型	变量描述	（1）	（2）	（3）	（4）	（5）
			样本量	平均值	标准差	最小值	最大值
ADN	站点周边地区经济活动强度	平均夜间灯光亮度值	14560	55.74	29.13	1.25	264.50
HSR	虚拟变量	是否开通高铁	14560	0.224	0.417	0	1
GDP	城市社会经济变量	地区生产总值（亿元）	7127	3010	3930	39.357	30000
Cap	城市社会经济变量	固定资产投资（亿元）	7258	877.14	1352.49	6.66	9920.37
Pop	城市社会经济变量	人口总量（万人）	7253	555.78	435.59	16.76	3392
Empl	城市社会经济变量	第二三产业从业人员数量（万人）	7084	455.66	5663.44	4.03	123009.3
Ind_Stru	城市社会经济变量	产业结构（第二三产业增加值的比值）	7236	1.29	0.52	0.23	6.73
Sta_Num	站点区位变量	同城高铁站数量	180	4.623	3.510	1	18
Air	站点区位变量	同城有无机场	180	0.438	0.496	0	1
Dis_Meg	站点区位变量	高铁站与大都市的距离（千米）	177	1154	2121	34.83	10000
Train_num	站点等级变量	高铁站营运列车数量	520	46.04	63.60	1	503

注：城市社会经济变量存在缺失情况，因而样本量不一致；Dis_Meg 变量的样本量剔除北京、上海、广州 3 座城市。

4．结果分析

1）全国高铁站溢出总体效应

将高铁站周边地区的经济活动强度（ADN）作为因变量，首先采用最小二乘法对试验组（站点周围 4 千米范围样本）进行全样本混合回归，结果如

表 3-4 第（1）列所示。其中，HSR 系数为 0.4011，并且达到 99%的显著水平，这表明高铁开通显著促进了周边经济活动的提升。

第（2）列是控制“时间固定效应”和“个体固定效应”的双重差分模型回归结果。其中，高铁效应 HSR 系数为 0.0675，达到 95%的显著水平，这再次表明高铁站投运显著地增强了周边地区的经济活动强度。对比第（1）列、第（2）列的结果，双重差分模型回归结果的 HSR 系数变小，但拟合效果更好（R^2 更大），这表明普通的最小二乘法回归结果明显高估了高铁站溢出效应，这与人们的预期一致，即高铁站周围经济活动的变化并非完全来源于高铁站溢出效应，也佐证了使用双重差分模型评价高铁溢出效应的有效性和科学性。

第（3）列展示了加入 GDP、人口总量等城市社会经济变量的双向固定效应回归结果。结果显示，HSR 系数仍达到 95%的显著水平，绝对值较第（2）列有所减小，但变化幅度并不大，说明地区的社会经济状况在一定程度上影响平均夜间灯光亮度的测度，但高铁站溢出效应主要来自高铁站的投运。

第（4）列是加入所有控制变量的全样本回归结果。结果显示，较之对照区，试验区经济活动强度提升了约 4.7%，并且拟合效果更好，充分证明高铁站有显著的溢出效应。在回归结果中，同城高铁站数量（Sta_Num）系数为负且显著，说明随着同城高铁站数量的增多，高铁站对周边地区经济活动的集聚作用会被削弱，可能的原因是流入高铁站城市的人流、资源在各个高铁站间发生分流，单一高铁站的作用被相对削减。同城有无机场（Air）系数的估计结果显著为负，并且绝对值较大，表明在有机场存在的城市，高铁站溢出效应会大幅削弱，说明高铁与民航存在明显的竞争关系。观察其他经济统计变量，第二三产业从业人员数量（Empl）的估计系数始终为正，表明就业机会较多的城市有更大的发展潜力和较高的交通需求，催生高铁站周围经济活动的集聚；产业结构（Ind_Stru）系数为负，表明在控制其他变量的情况下，第二产业比重越小或第三产业比重越大的地区的高铁站溢出效应更显著。该现象源于，相对于第二产业，第三产业是劳动更密集型产业，需要更多的劳动力，因此，第三产业的进一步发展将吸纳更多的就业人口，催生更高的交通需求。该结果同时表明，服务业的发展将进一步提升高铁站周边的经济活动强度。

表 3-4　全样本回归结果

因变量：ln(ADN)	(1)	(2)	(3)	(4)	(5)	(6)
	全部	全部	全部	全部	新建站点	升级站点
HSR	0.4011*** （0.014）	0.0675** （2.543）	0.0669** （2.490）	0.0474* （1.947）	0.0476* （1.764）	0.0437 （0.781）
Sta_Num				−0.0102* （−1.810）	−0.0136** （−2.208）	0.000580 （0.0404）
Air				−0.118*** （−2.863）	−0.0694 （−1.589）	−0.261*** （−2.672）
ln(Dis_Meg)				−0.000608 （−0.0333）	0.00993 （0.510）	−0.0551 （-1.092）
ln(Train_num)				0.00430 （0.327）	−0.00131 （−0.0883）	0.00821 （0.285）
ln(GDP)			0.0329 （0.460）	0.00709 （0.186）	0.0120 （0.291）	−0.0539 （−0.504）
ln(Cap)			0.0107 （0.532）	0.0106 （0.595）	0.00219 （0.111）	0.0443 （1.045）
ln(Pop)			0.0113 （0.0889）	−0.0459 （−1.265）	−0.0257 （−0.675）	−0.110 （−1.122）
Ind_Stru			−0.0396 （−1.483）	−0.0455* （−1.919）	−0.0422 （−1.472）	−0.0355 （−0.834）
ln(Empl)			0.0135 （0.357）	0.0361** （2.146）	0.0344** （2.022）	0.0493 （0.697）
Constant	3.591*** （0.010）	3.558*** （0.0157）	2.927** （2.353）	3.708*** （7.300）	3.493*** （6.440）	5.202*** （3.464）
个体固定效应	—	YES	YES	NO	NO	NO
时间固定效应	NO	YES	YES	YES	YES	YES
样本量	7280	14560	14084	13440	10896	2544
R^2	0.100	0.303	0.305	0.306	0.300	0.329

注：1. 由于部分高铁站或城市数据缺失，各组参与回归的样本数量有所差异。其中，第（4）列较第（3）列样本减少，是因为剔除了部分与北京、上海、广州三大都市无连接的高铁站。

2. 括号内数字表示结果对应 T 检验值，后文类似同此。

3. ***表示达到 99%显著水平，**表示达到 95%显著水平，*表示达到 90%显著水平。

根据高铁站建设模式，高铁站可分为升级站点和新建站点（占比分别为 19%和 81%）。如此分类的原因是：升级站点通常位于建成区，周围土地征收和开发成本巨大，故通过升级已有站点，可以提高土地利用效率，同时实现高铁网络与原城市交通网络的自然协同（Diao，2018）；而新建站点多位于郊区或城乡结合带，其周围土地开发相对容易。因此，两类高铁站的溢出效应理应有显著差别。如表 3-4 第（5）列、第（6）列所示，相对于升级站点，新建站点的溢出效应更为显著。这与我们的认知较为一致，即新建站点通常位于城市郊区，周围多为农用地，夜间灯光亮度较弱，易于开发；而升级站点通常位于建成区或距城市中心比较近的位置，在开通前其周边就有较多社会经济活动，难以大规模改变。变量同城高铁站数量（Sta_num）在新建站点组显著为负，表明高铁站的增多对新建站点影响更为显著，会分散高铁站溢出效应，不利于新建站点对经济活动的集聚。机场与高铁的竞争关系在升级站点组中更为常见（Air 系数显著为负），这是由于人口流量大、经济基础强的城市有更频繁的出行方式选择问题。有学者研究指出，高铁网络与民航网络竞争的城市早期分布在东中部地区，竞争网络在空间上呈现东部、中部、西部递减的分布格局（Qin，2016）。本研究结论与该结论吻合。

2）高铁站溢出效应的区域分异

根据我国的东部、中部、西部、东北部四大板块划分，对全国高铁站进行分组回归，结果如表 3-5 所示，变量含义同上。虚拟变量 HSR 系数在东部地区显著为正，在中部、西部、东北部地区均不显著，说明与中部、西部、东北部地区相比，东部地区获得了更显著的高铁红利，这表明高铁建设更有利于经济发达地区。

表 3-5 高铁站空间溢出效应的区域分异

因变量 ln(ADN)	地理区位			
	东部	中部	西部	东北部
HSR	0.0877** (2.449)	0.0365 (0.810)	−0.0153 (−0.290)	0.0447 (0.407)
站点区位变量和城市社会经济变量	是	是	是	是
时间固定效应	是	是	是	是
个体固定效应	否	否	否	否
样本量	5788	4142	2662	848
R^2	0.286	0.329	0.325	0.348

3）高铁站溢出效应的城际分异

参考《国务院关于调整城市规模划分标准的通知》，根据 2017 年年底地市常住人口将高铁站所在城市分为四大类：超大城市（人口规模为 1000 万人以上）、特大城市（人口规模达 500 万～1000 万人）、大城市（人口规模为 100 万～500 万人）、中小城市（人口规模为 100 万人以下），并进行分组回归，结果如表 3-6 所示。可以看到，只有特大城市有显著为正的高铁站溢出效应，这表明虽然大城市（通常为发达城市）能够获得更多的高铁红利，但当人口超过一定规模后高铁站溢出效应会削弱。可能的原因是，超大城市高铁站通常为升级站点，周围土地利用已经成型，难以大规模改变；超大城市产业众多，高铁的开通并不能影响其现有城市的发展轨迹。

表 3-6　高铁站空间溢出效应的城际分异

因变量 ln(ADN)	城市规模				与大都市的距离		
	超大城市	特大城市	大城市	中小城市	近距离组	中距离组	远距离组
HSR	−0.0383 （−0.568）	0.0888** （2.211）	0.0537 （1.575）	−0.00321 （−0.0134）	0.102*** （2.690）	0.0489 （1.288）	−0.0540 （−0.961）
站点区位变量和城市社会经济变量	是	是	是	是	是	是	是
时间固定效应	是	是	是	是	是	是	是
个体固定效应	否	否	否	否	否	否	否
样本量	1902	4762	6540	236	5000	5954	2486
R^2	0.389	0.284	0.300	0.428	0.276	0.329	0.342

4）大都市对高铁站溢出效应的影响

高铁的开通会增强城际联系，使得居民可以享受到大都市多样化的产品服务和更高的劳动报酬，同时可以退居于附近二三线城市，避免高昂的居住成本和恶劣的环境带来的困扰（施震凯等，2018）。据此，与大都市的可达性是影响城市高铁红利的重要因素。根据高铁站与北京、上海、广州三座大都市的最短距离将其划分为三组：小于 500 千米的高铁站划分为近距离组，500～1000 千米的高铁站划分为中距离组，大于 1000 千米的高铁站和无法到达北京、上海、广州的高铁站划分为远距离组。分析结果如表 3-6 所示。分析结果显示，只有近距离组的样本有显著的高铁站溢出效应，随着距离的增大，HSR 系数变得不显著甚至为负。这表明，靠近大都市的城市将获得更多的高铁红利，而远离大都市的城市的高铁红利将下降，甚至产生虹吸效应。

5. 模型检验

1）稳健性检验

模型评价结果可能受阈值设定的影响，因此本节进一步开展模型稳健性检验。由于不同城市的经济发展水平和高铁站的位置均会影响高铁站溢出效应，因此，本节改变试验组和对照组之间的距离阈值以测试模型的稳健性，结果如表 3-7 所示。其中，第（2）列和第（3）列试验组分别是高铁站周围 0～3 千米的区域和 0～5 千米的区域，对照组的范围分别是高铁站周围 3～8 千米范围和 5～8 千米范围。结果与主回归的结果基本一致［见第（1）列］，这表明模型的评价结果对阈值的选取并不敏感，佐证了模型的稳健性。

表 3-7 改变距离阈值的稳健性检验

因变量：ln(ADN)	（1）	（2）	（3）
距离阈值	4 千米	3 千米	5 千米
DID	0.0474* （1.947）	0.0557** （0.758）	0.0392* （0.561）
站点区位变量和城市社会经济变量	YES	YES	YES
时间固定效应	YES	YES	YES
个体固定效应	NO	NO	NO
样本量	13440	13440	13440

2）证伪检验

使用双重差分模型的前提是试验组与对照组在高铁开通之前不存在系统性差异，即两个组的平均夜间灯光亮度具有相同的变化趋势（牛方曲等，2021）。为证明平行趋势假设成立，本节采用事件分析法开展了证伪检验，该方法通过设定多趟高铁开通年份检验政策效果（Lin，2017；Qin，2016）。假设高铁实际开通年份为 T，本研究设定 $T-4$～$T+4$ 均为开通年份进行模型检验，对应的模型如式（3-3）所示。式中，L 表示假定高铁开通年份，其他变量同式（3-1）。

$$Y_{it}=\alpha+\left(\sum_{L-T\neq-2}\beta_L\right)\mathrm{HSR}_{it}+X_{it}\gamma+\mu_i+\lambda_t+\varepsilon_{it} \tag{3-3}$$

利用式（3-3）回归分析得出参数 β 值如图 3-3 所示。在图 3-3 中，横轴表示高铁开通的相对时间，例如，−3 表示高铁开通 3 年前（$L=-3$），0 表示高铁开通当年（$L=0$），3 表示高铁开通 3 年后（$L=3$）。由图 3-3 可知，在高铁开通前 1 年、前 3 年和前 4 年的估计值在 0 附近［前两年作为模型的基期（Beck et al.，2010）］，95%的置信区间也包含 0，表明各高铁站溢出效应的差异不能拒绝为 0 的原假设，证明平行趋势假设成立。此外，图 3-3 显示 HSR 在当期及滞后 1 期、2 期、3 期和 4 期均显著为正，表明高铁站溢出效应具有时间滞后性，这与以往学者的研究结论相吻合（Chang et al.，2019）。

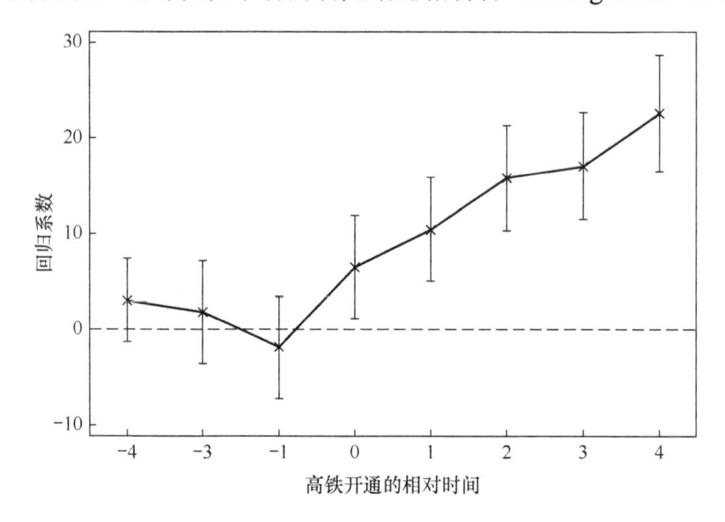

注：图中交叉符号为估计系数，短竖线为估计系数 95%的置信区间。

图 3-3　平行趋势检验

6．结论

中国正逐步进入高铁时代，诸多城市希望借助高铁建设拉动其经济增长，所以纷纷推出高铁新城建设项目。但是，高铁溢出效应存在城际差异，充分认识高铁建设对城市发展的影响，对于布设高铁站、规划高铁新城、协调区域经济发展有重要意义。本节利用夜间灯光亮度数据，采用双重差分模型分析了中国高铁站溢出效应，研究结论如下。

（1）全国范围内高铁站的投运使得站点周围区域经济活动强度提升约 4.7%；较之中部、西部、东北部地区，东部地区城市高铁站溢出效应更为显著。

（2）对于人口和产业而言，城市人口规模与高铁站溢出效应存在非线性关系，城市人口超过一定规模后高铁站溢出效应不再显著，其中，特大城市高铁站溢出效应最为显著；城市第三产业的发展可以提升高铁站溢出效应。

（3）同城高铁站数量的增加会削弱高铁站尤其是新建高铁站的溢出效应；机场的存在也会削弱高铁站溢出效应，这种竞争关系在经济发达的城市更明显。距离大都市较近的城市高铁站溢出效应更显著，随着距离的增加高铁站溢出效应变得不显著甚至为负。

上述结论虽然只是初步的结论，但对于全国高铁站布设、各地高铁新城规划建设有重要的参考价值。第一，高铁新城规划建设需要综合考虑同城高铁站、机场的存在可能带来的负面影响，也需要考虑高铁站所在城市与大都市的距离；第二，有条件的城市可以通过发展服务业提升城市的高铁红利；第三，高铁站溢出效应受城市人口规模影响，但两者并非线性关系，因此高铁新城规划需要综合考虑当地人口规模。

上述案例研究旨在阐明双重差分模型的作用与应用方法。就高铁站溢出效应而言，还有诸多方面需要深化。例如，夜间灯光数据适用于表征经济活动规模或集聚程度，但不能反映经济活动类型或产业类型，因此，在细分产业基础上探究高铁站溢出效应有待推进。本节得出结论为城市规模、与大都市的距离均会影响高铁站溢出效应，但确切的阈值和影响机制有待进一步解析。就双重差分模型的应用而言，其可以采用 STATA 等软件实现，详细操作可以参考 STATA 应用手册。另外，读者可参考相关书籍进一步了解双重差分模型的具体原理。

3.1.3 复杂网络分析模型应用——中国铁路网络健壮性分析

1. 研究问题

铁路作为经济发展最重要的基础设施之一，对地区经济发展有持久而深远的影响，不仅缩短了城市之间的旅行时间，而且影响了城市间的连接性，使众多城市更紧密地结合在一起，地区经济可以从运输成本的降低中获益，促进铁路沿线城市的经济增长（焦敬娟等，2016）。近年来，中国铁路运输飞速发展，铁路的触角伸展到全国各地，形成了以铁路线为纽带、以铁路枢纽为中心的铁路网络。

随着铁路的高速化、网络化发展，不同区位节点之间的连通效率越来越高，但同也产生了潜在危机，即某一个关键站点或线路失效，可能会导致其他站点或线路无法正常工作，严重时甚至会导致铁路网络大面积瘫痪。2017 年 9 月 8 日，由于信号故障京沪高铁的安徽段蚌埠至南通全线双向停运，导致高铁班次延误 46 趟，6000 名乘客受到影响。除此以外，自然灾害也常常导致铁路线路的崩溃，2018 年 6 月 29 日四川省绵阳市发生 4.0 级地震，川渝高铁沿线大面积列车延误，大量旅客出行受阻。我国铁路客运专线承担着主要的旅客运输任务，其运输安全性及运输效率关系着国民经济的发展和旅客生命财产安全，因此铁路网络的安全稳定运行成为研究焦点。为保障铁路安全、平稳运行，厘清铁路网络结构、探明铁路网络韧性，提升铁路网络应急响应能力不容回避。

交通网络相关研究大多基于复杂网络理论解析、网络拓扑结构和统计特征（Sen et al.，2003；Bagler，2008；Wang et al.，2020；Li et al.，2004；Wang et al.，2014，Zhang et al.，2010；Chen et al.，2020），但对网络运行影响较大的关键节点并不一定是度值大的，随之网络健壮性研究作为一种能够更好地理解网络拓扑结构的动态模拟方法出现（Chen et al.，2020）。网络健壮性指的是，网络节点在随机故障或恶意攻击情况下保持其原有功能的能力。Albert 是复杂网络可靠性研究的先驱，其借助最大簇大小、孤立簇和平均路径长度来度量网络受到攻击后的破坏程度（Albert et al.，2000）。Holme 观察了不同攻击策略下不同网络类型的网络拓扑结构变化情况，用效率 E 和最大连通子图 S 来衡量网络性能（Holme et al.，2002）。Murray 等通过删除节点对美国国家的公路网络健壮性进行研究，发现关键路段受损会引起公路网络大范围瘫痪（Murray et al.，2007）。徐凤构建高铁—民航复合网络进行网络拓扑结构分析与健壮性分析，发现高铁—民航复合网络在蓄意攻击模式下的健壮性较差，而在随机攻击模式下的健壮性较好（徐凤等，2015）。孙晓璇构建了普铁子网、高铁子网和高铁—普铁交通双层复杂网络三种网络，发现高铁—普铁交通双层复杂网络的可靠性在高铁网络的可靠性和普铁网络的可靠性之间（孙晓璇等，2019）。

以上研究表明，当交通网络具有无标度特性时会存在关键节点，这些关键节点在受到攻击时会对交通网络安全运行产生重要影响。因此，对交通网络中的节点重要性进行评价和度量，对于提高交通网络的健壮性和可靠性、设计高效的系统结构具有重要意义（Liu et al.，2006；周漩等，2012）。目前，人们评价交通网络健壮性的网络攻击策略基本一致，即考察相关度量指标随着攻击节点数增多发生变化的情况（江永超，2011；Feng et al.，2013）。但是，这种评价仍存在以下问题。首先，传统度量交通网络节点重要性的指标（度等指标）在真实世界运行中存在局限性。例如，铁路网络是一个空间实体，其节点存在于欧几里得空间（Barthélemy，2011），节点重要性评价还应结合节点的地理特征，如铁路站点位置、站点间连接距离等。其次，交通网络健壮性研究多聚焦于航空网络（Sallan et al.，2014；Chen et al.，2020）、城市道路网络（Duan et al.，2013；Lu et al.，2018）、地铁网络（Zhang et al.，2010），而铁路网络健壮性研究有待深入。再次，通常根据铁路线路途经城市的顺序构建简单网络拓扑结构（孙晓璇等，2019；雷永霞等，2015；Guidotti et al.，2017），但这只能表示相邻城市间的连接关系，仅限于物理拓扑属性，忽略了铁路营运功能。另外，交通网络主干是交通网络中承担主要客运联系的一个子网络，目前识别交通网络主干是一个有争议的话题。以往研究多基于运力、中心性、重要性等指标识别枢纽城市（Chen et al.，2020；Wang et al.，2014；Peng et al.，2019），而网络健壮性分析提供了一种新的动态性视角（Chen et al.，2020）。

因此，本节基于复杂网络理论构建了铁路设施网络，同时综合铁路动态运行参数（列车运行路径、停靠时间表、服务频次等）构建了铁路服务网络，并基于此将铁路设施网络拓扑结构与运行功能相结合，开展网络拓扑特性的量化测度及网络健壮性仿真模拟，探明中国铁路网络的健壮性，以识别中国铁路网络中的主干城市，希冀为中国铁路建设、站点布设、应急响应机制建设提供参考。

2．数据

本节所使用数据来源于 2020 年 10 月国家铁路集团有限公司公布的列车

时刻数据（不含中国香港、澳门地区和台湾省），共包含 59164 条客运班次信息、2822 个铁路站点信息，将线路和站点矢量化得到中国客运铁路网络空间分布如图 3-4 所示。铁路网络在全国范围内布局不均，“胡焕庸线”（胡焕庸，1935）右侧线路密集、站点繁多，而“胡焕庸线”左侧线路稀疏，仅有几条主要干线铁路。这表明基础设施的分布与区域经济发展水平、人口聚集程度和交通需求较为匹配。

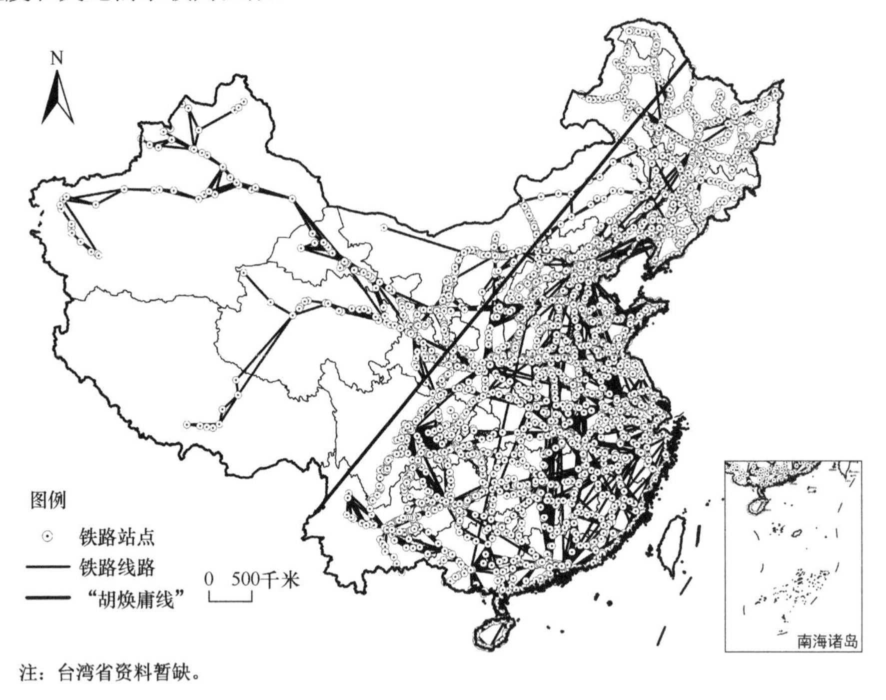

图 3-4　中国客运铁路网络空间分布

3. 复杂网络分析方法

网络结构决定其功能，网络在节点受到攻击时保持完整性的能力在很大程度上取决于网络拓扑结构特征（Kasthurirathna et al.，2013）。本节采用复杂网络的研究范式分别评价铁路设施网络和铁路服务网络的拓扑结构，并基于此进一步模拟分析中国铁路网络的健壮性。

复杂网络是一种将复杂系统表示为网络结构的研究范式（何大韧，2009）。通过将个体抽象为网络节点，将个体之间的关系抽象为节点之间的边，大量真实存在的复杂系统就可以描述为一个复杂网络。复杂网络研究常用建模方法有两种：Space L 和 Space P。在 Space L 模型中，在一条经过多个节点的线路上，只有相邻的两个节点才被认为是直接相连的；在 Space P 模型中，由一条线路连接的所有节点都被认为是两两可达的（Crespo et al.，2000）。

本节依据 Space L 构建了铁路设施网络（RPN），依据 Space P 构建了铁路服务网络（TSN）。在两种建模方法下构建的网络如图 3-5 所示。其中，图 3-5（a）是 D23、G6714、G218 三个车次的运行示意图，图 3-5（b）是基于轨道建立的铁路设施网络；在图 3-5（b）基础上叠加客运信息得到图 3-5（c），即基于列车运行方案建立的铁路服务网络。如图 3-5（c）所示的铁路服务网络可用于评价铁路交通网络结构，但当线路上某个节点受到攻击瘫痪后，后面的节点显然都不可能到达，因此铁路服务网络不适用于评价铁路交通网络的健壮性。

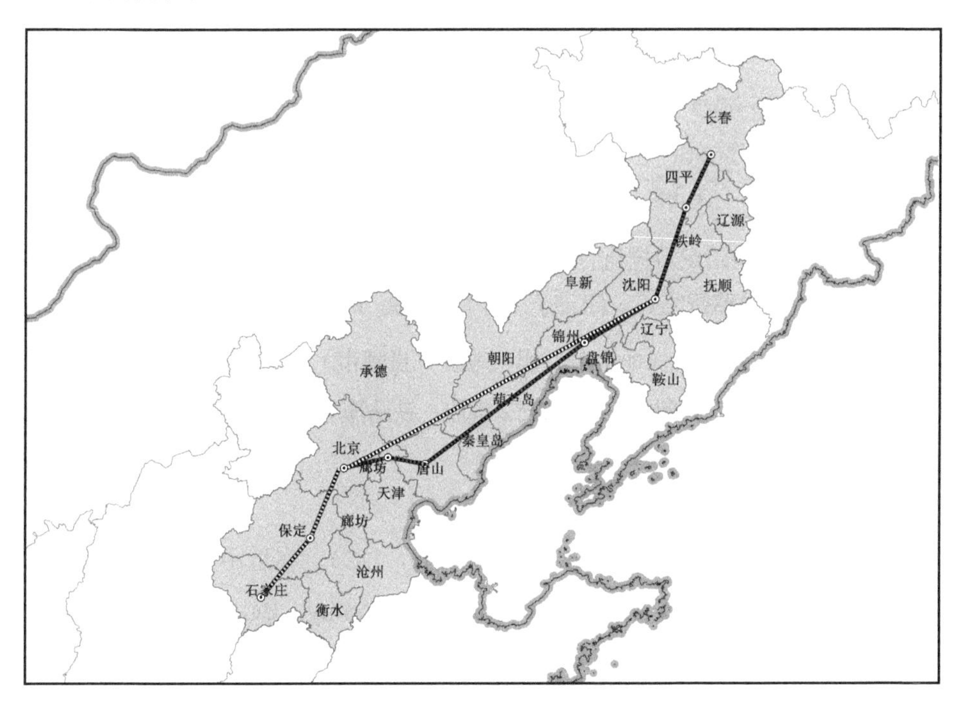

（a）D23、G6714、G218 三个车次的运行示意图

图 3-5　在两种建模方法下构建的网络

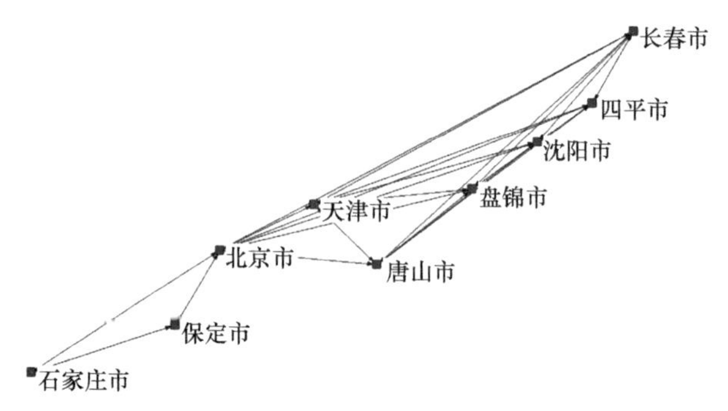

(b) 基于轨道建立的铁路设施网络（RPN）

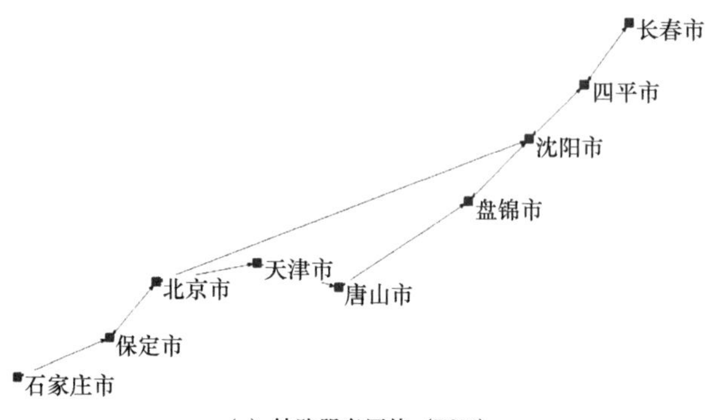

(c) 铁路服务网络（TSN）

图 3-5 在两种建模方法下构建的网络（续）

将同一城市的站点数据进行合并，即原始数据站点间的连接关系投影到城市尺度，得到中国铁路网络$G=(V,E)$。其中，点集 V 是城市集合，E 为边集。这样得到包括 318 座城市（地级市、州、地区、直辖市）的铁路设施网络和铁路服务网络。其中，铁路设施网络共有 2252 条边，铁路服务网络共有 35631 条边。

4. 复杂网络拓扑特征参数

网络节点的度中心性（Degree Centrality，DC）、临近中心性（Closeness Centrality，CC）、中介中心性（Betweenness Centrality，BC）等是评价节点重要性的传统指标。

1）度中心性及其分布

度中心性常用来评价城市与网络中其他城市联系的可能性及联系强度的

大小。在非加权网络中，度中心性通常用节点连接其他节点的数目，即节点度（DC）表示，反映城市的连通度；在加权网络中，度中心性通常用节点强度（SC）表示，反映城市与网络中其他城市间联系的强度。计算公式分别如式（3-4）所示，即

$$\begin{aligned} \mathrm{DC}_i &= \sum_{j}^{N} a_{ij} \\ \mathrm{SC}_i &= \sum_{j}^{N} w_{ij} \end{aligned} \tag{3-4}$$

式中，a_{ij} 表示城市间是否有列车直接相连，有则取 1，反之取 0；w_{ij} 是城市间列车联系的频数，即营运列车数量；DC_i 表示城市 i 的节点度，SC_i 表示城市 i 的节点强度；N 为铁路网络节点数。

度分布 $P(k)$ 是指节点度为 k 的概率，累计度分布 $P(>k)$ 是节点度大于等于 k 的节点出现的概率（强度分布和累计强度分布同理）：

$$P(k) = \frac{n_k}{n} \tag{3-5}$$

$$P(>k) = \sum_{k'=k}^{\infty} P(k') \tag{3-6}$$

2）临近中心性

临近中心性（CC）表征某个节点通过最短路径与其他所有节点的邻接程度，描述了网络中各节点的相对可达性，即

$$\mathrm{CC}_i = \frac{N-1}{\sum_{j \neq i} L_{ij}} \tag{3-7}$$

式中，L_{ij} 是节点 i 到节点 j 的最短路径长度，即所经过的边数；N 为网络中的节点数。

3）中介中心性

中介中心性（BC）测度网络中某特定节点位于其他所有节点间最短路径上的频数，反映了节点的中转或连接功能。其计算公式为

$$\mathrm{BC}_i = \sum_{s \neq i \neq t} \frac{\sigma_{st}(i)}{\sigma_{st}} \tag{3-8}$$

式中，σ_{st} 是节点 s 与节点 t 之间最短路径的数量，$\sigma_{st}(i)$ 是节点 s 与节点 t 之间通过节点 i 的最短路径的数量。

4）最短路径和聚集系数

网络中两节点间最短路径指的是两个节点之间经历边数最少的一条路径（Dorogovtsev et al.，2004），整个网络的最短路径 L 指的是所有节点对之间的最短路径的平均值，即

$$L = \sum_{i=1}^{N} \sum_{i=j}^{N} \frac{L_{ij}}{2N(N-1)} \tag{3-9}$$

式中，L_{ij} 是任意两个节点之间的最短距离，N 为网络中的节点数。

聚集系数（CE）反映网络中节点之间的紧密程度（Newman，2003），用节点的邻居之间的实际连接数量与邻居之间的最大连接数量的比值表示，其表达式为

$$\mathrm{CE}_i = \frac{|\{e_{st} : s,t \in N_i\}|}{\frac{k_i(k_i-1)}{2}} \tag{3-10}$$

式中，N_i 是包含节点 i 所有邻居的点集，k_i 是点集 N_i 的元素个数，即节点 i 的邻居数量，节点 s 和节点 t 是节点 i 的邻居；e_{st} 是节点 i 的邻居间相连的边数量，$\frac{k_i(k_i-1)}{2}$ 是节点 i 的邻居间可能的最大连接数量。CE_i 越大，节点 i 与邻近节点的联系越紧密（Hossain et al.，2013）。在一个完全连接的网络中，所有节点的 CE 均为 1。另外，如果节点 i 只有一个邻居节点，即节点 i 的节度为 1，则它的 CE 为 0。整个网络的聚集系数 C 是所有节点 CE 的平均值，即

$$C = \frac{1}{N} \sum_{v \in V} \mathrm{CE}_i \tag{3-11}$$

5. 网络健壮性评价方法

网络健壮性评价旨在动态模拟节点失效（故障、自然灾害等）或受到持续攻击过程中网络状态的变化。网络的最大连通子图相对大小 S、网络全局效率 E 是评价网络状态的有效指标，其中，S 描述网络的碎片化程度，E 用来

评价网络结构的全局变化（Chen et al.，2020）。

1）最大连通子图相对大小（S）

最大连通子图相对大小（S）是指最大连通子图中的节点数与网络中所有节点数的比值，计算公式为

$$S=\frac{N'}{N} \tag{3-12}$$

式中，N' 表示铁路网络遭到攻击后网络中的最大连通子图的节点数，N 表示铁路网络未遭到攻击时（原始网络）的节点总数。一些节点遭到攻击后呈现无效状态，连通图分裂为无数小的连通子图，当整个网络仅剩不相连的孤立节点时，S 无限趋近于 0。

2）网络全局效率（E）

网络全局效率（E）通过节点之间最短距离的倒数定义，即

$$E=\frac{2}{N(N-1)}\sum_{i>j}\frac{1}{d_{ij}} \tag{3-13}$$

式中，N 为网络中的节点总数；d_{ij} 为节点 i 和节点 j 之间的距离，当节点 i 与节点 j 不相连时，$d_{ij}=+\infty$，此时 $E=0$。

3）网络攻击仿真算法

本节度量铁路设施网络 RPN 在不同攻击策略下的健壮性。图 3-6 是铁路网络受攻击后健壮性评价流程。在随机攻击策略下，随机攻击网络中的节点，每次在网络中随机选择一个节点进行删除，同时删除其边。在蓄意攻击策略下，优先攻击在网络中占据重要位置的节点，同时其连接边失效，如果多个节点属性值相同，则随机删除其中一个节点，以保证每次只攻击一个节点，直至网络中的节点全部移除。基于本文构建的两种网络［铁路设施网络（RPN）和铁路服务网络（TSN）］，将蓄意攻击策略分为两种模式，在蓄意攻击模式 1 下，按照铁路服务网络（TSN）中节点重要性顺序对网络进行攻击，节点重要性以网络初始状态为准，不重复评价；在蓄意攻击模式 2 下，攻击顺序基于铁路设施网络（RPN）中节点重要性评价结果，每次攻击结束后需要根据新生成的邻接矩阵计算剩余网络中最重要的节点，并攻击该节点及其连接的边，直至网络瘫痪。

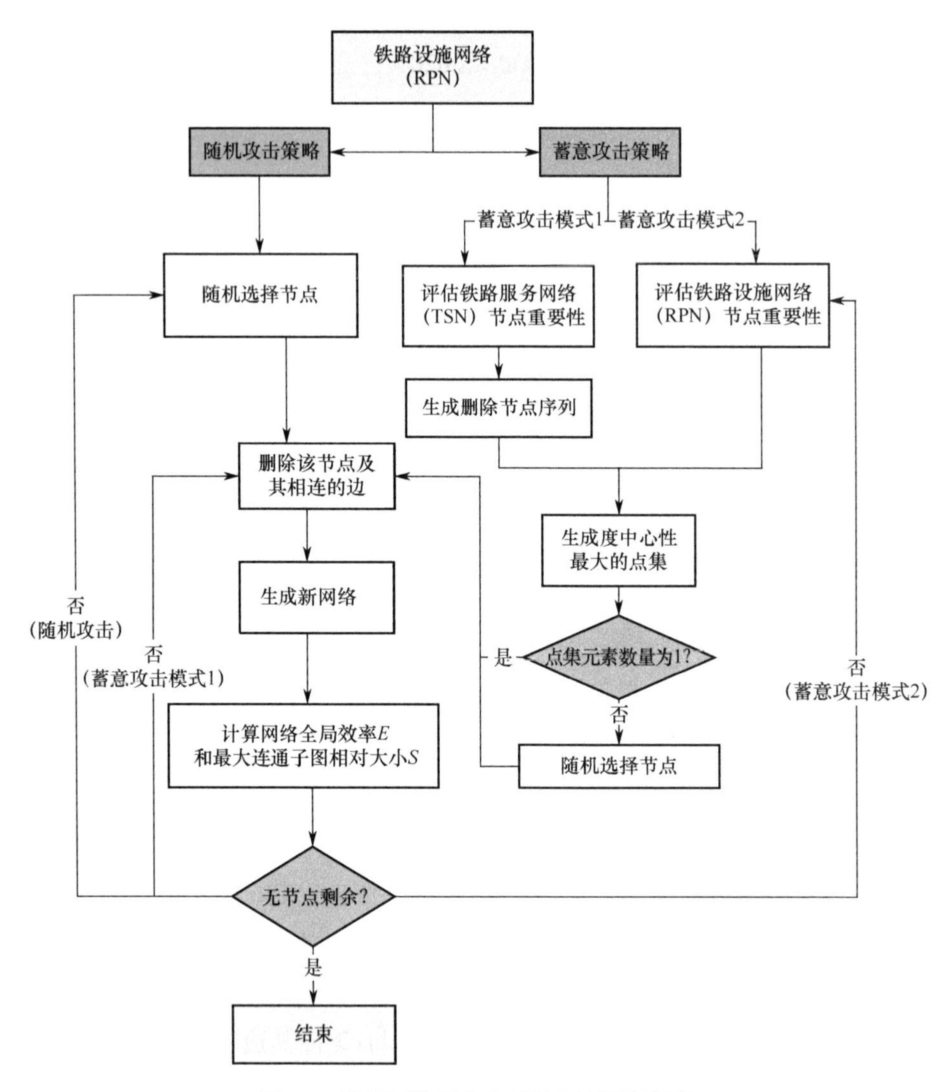

图 3-6　铁路网络受攻击后健壮性评价流程

6．结果分析

1）铁路交通网络结构

（1）铁路网络度及其分布。

如图 3-7（a）所示是铁路设施网络（RPN）的累计度分布，即某个节点的度为 k 的概率。由图 3-7（a）可知，累计度呈现指数分布，如式（3-14）

所示。这表明我国客运铁路设施网络具备无标度网络特性，即多数城市通过铁路与其他城市的直接连通性较低，位于网络边缘；而极少数站点作为铁路设施网络的交通枢纽，具有较高的度，连接不同线路维持铁路营运。

$$P(>k)=1.33\mathrm{e}^{-0.176k} \tag{3-14}$$

如图 3-7（b）所示是铁路服务网络（TSN）的累计度分布，其与指数函数的拟合度效果较差，无标度网络特性未得到验证。如图 3-7（c）所示是铁路服务网络（TSN）的累计强度（s）分布，其服从幂律分布，即

$$P(>s)=0.91\mathrm{e}^{-0.001s} \tag{3-15}$$

图 3-7（b）说明，基于城市连通性视角，城际铁路服务网络不具备无标度网络特性；但铁路服务网络（TSN）叠加城市间铁路联系频数后无标度网络特性显现［见图 3-7（c）］。这表明主要铁路服务网络连接存在于少数城市对之间，仅有少数重要铁路节点承担多数连接，与铁路设施网络得出的结论一致。

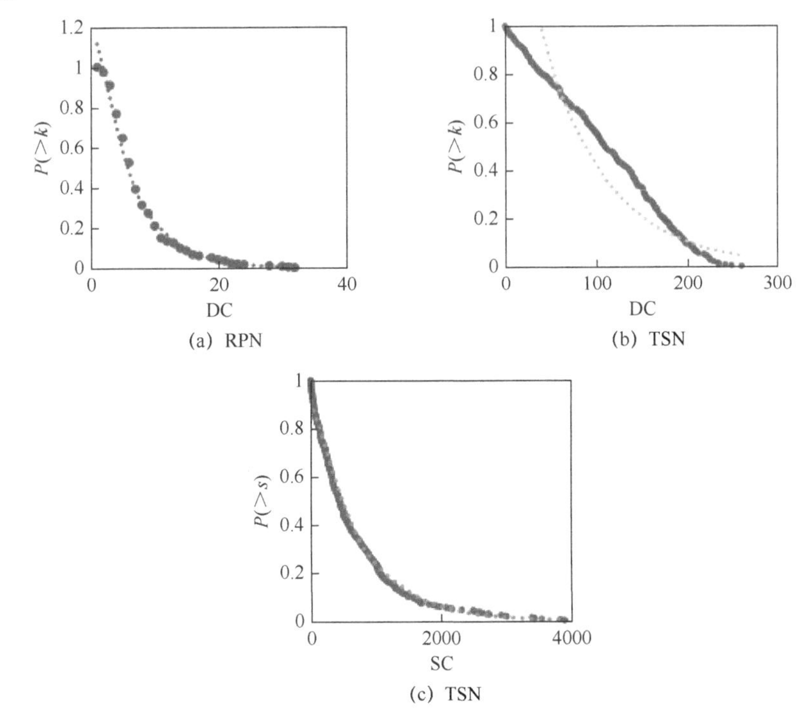

图 3-7 铁路网络的累计度与累计强度分布

（2）铁路网络最短路径和聚集系数。

在铁路设施网络和铁路服务网络中，节点之间最短路径 L 的含义不同。在铁路设施网络中，最短路径表示两座城市之间需要途径几条边（或几个节点）；在铁路服务网络中，考虑铁路线路营运的因素，最短路径表示两座城市间需要经过几次线路换乘。$L_{ij}=1$ 表示两座城市之间可通过一列火车直达，无须换乘；$L_{ij}=2$ 表示需要换乘 1 次。根据式（3-9）得到，铁路设施网络的 L 为 4.06，铁路服务网络的 L 为 1.72。这表明在铁路设施网络中城市节点之间的平均距离是 4，平均经过 4 站即可到达目的地；在铁路服务网络中乘客平均只需要换乘 1 次即可到达目的地。

利用式（3-11）计算得出，铁路设施网络的平均聚集系数为 0.52，铁路服务网络的平均聚集系数为 0.73，铁路服务网络的聚集程度显著高于铁路设施网络；铁路设施网络中相邻节点之间构成全局耦合的概率极低，一旦有节点发生故障，将会导致部分区间无法运行。另外，铁路服务网络和铁路设施网络的平均聚集系数均远大于同等规模下随机网络的平均聚集系数（0.045），同时接近小世界网络的平均聚集系数（0.635），这表明铁路设施网络和铁路服务网络都是典型的小世界网络，即大部分节点并不直接相邻，但通过较短路径即可到达。

另外，研究发现铁路服务网络中聚集系数和度中心性成显著负相关关系，如图 3-8 所示。节点度较高的节点的邻居节点间直接连接较少、聚集程度较低，表明其周边邻接城市彼此联系较弱，形成轴辐结构。此外，图 3-7（b）表明铁路服务网络不具备无标度网络特性，由此证明铁路服务网络不同于航空服务网络，其具备无标度网络特性的营运体系（王姣娥等，2017），铁路服务网络营运模式呈现更复杂的层级结构。

2）铁路交通网络健壮性

（1）铁路网络健壮性模拟。

依据前文所述的算法，本节开发了铁路交通网络健壮性模拟评价算法，分别模拟评价在随机攻击和蓄意攻击两种策略下铁路交通网络的健壮性。由于铁路交通网络的健壮性取决于铁路设施网络，只有铁路设施网络畅通，列车才可运行，因此健壮性评价均基于铁路设施网络（RPN）开展。铁路设施网络初始网络全局效率 E 为 0.27，初始最大连通子图相对大小 S 为 1.0。

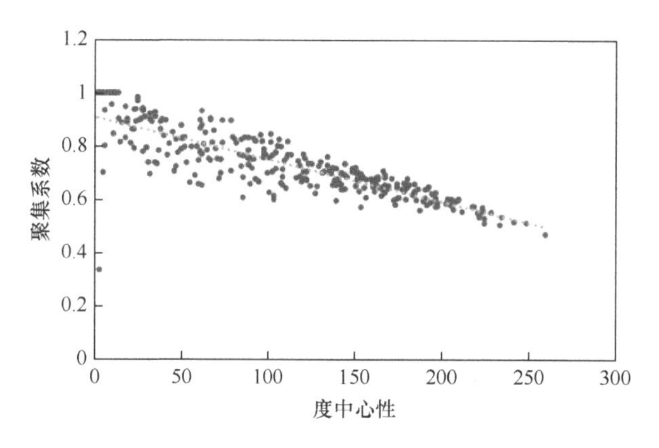

图 3-8 铁路服务网络中度中心性与聚集系数成显著负相关关系

随机攻击策略

随机攻击策略旨在分析网络节点在受到随机攻击时（如故障、自然灾害）网络健壮性的变化过程，在随机攻击策略下所有城市受到攻击的概率相等。如图 3-9 所示是铁路设施网络在随机攻击策略下最大连通子图相对大小 S

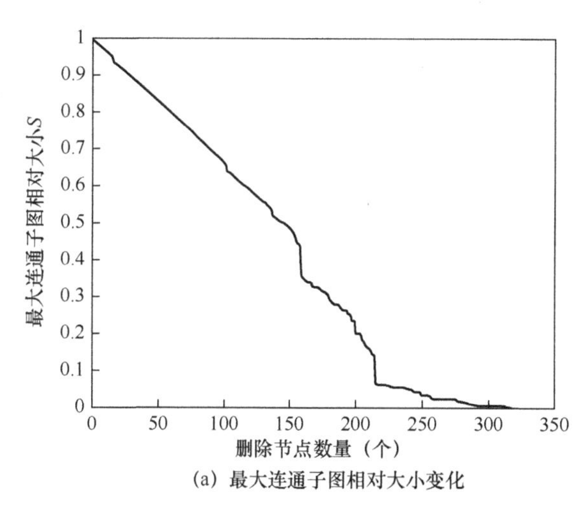

(a) 最大连通子图相对大小变化

图 3-9 铁路设施网络在随机攻击策略下最大连通子图相对大小和网络全局效率的变化情况

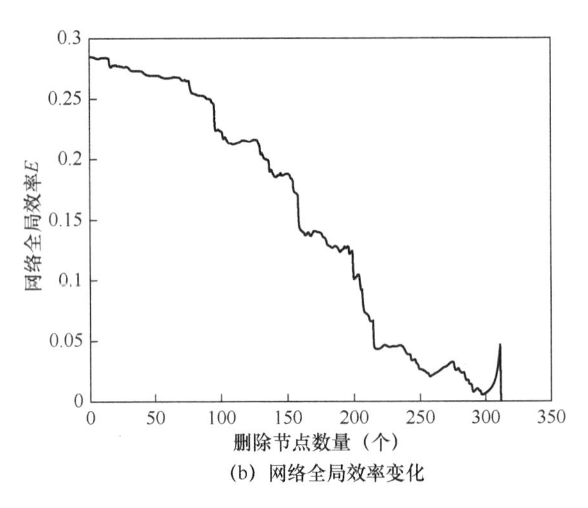

(b) 网络全局效率变化

图 3-9　铁路设施网络在随机攻击策略下最大连通子图相对大小和网络全局效率的变化情况（续）

和网络全局效率 E 的变化过程。由图 3-9 可知，在前 100 次随机攻击中，节点逐个被删除导致网络的最大连通子图相对大小 S 基本呈现线性递减，但网络全局效率 E 下降相对缓慢；在删除约一半节点时网络全局效率 E 和最大连通子图相对大小 S 均呈现加速减小态势，网络全局效率减小至初始的一半，这表明铁路设施网络在抵御随机攻击时，主要依赖约 50%的节点。另外，铁路设施网络在随机攻击临近结束时才完全崩溃，即网络全局效率 S 和最大连通子图相对大小 E 趋于 0（E 在随机攻击结束前出现短暂变大的可能原因是：网络中剩余节点局部成网、相互连通），表明铁路设施网络在随机攻击策略下较为健壮。

蓄意攻击策略

蓄意攻击策略是指依据节点重要性依次攻击各个节点，模拟在人为攻击模式下铁路网络的健壮性。网络中的节点重要性决定了攻击顺序，而基于铁路设施网络和铁路服务网络的节点城市重要性评价存在显著差别。在铁路设施网络视角下，节点城市重要性反映其在网络中的拓扑属性；而在铁路服务网络视角下，节点城市重要性反映了该城市在铁路交通网络中的便捷度，体现了其在国家社会、经济系统中的重要性。相比之下，后者更具实际意义，在战争、恐怖袭击中更易被利用。因此，本节分别模拟在两种蓄意攻击模式下铁路网络的健壮性。蓄意攻击模式 1，在铁路服务网络视角下基于节点城市重要性实施攻击，在攻击过程中不再重复计算节点城市重要性。蓄意攻击模式 2，在铁路设施网络视角下基于节点城市重要性实施攻击；在蓄意攻击过程中，铁路设施网络不断遭到破坏，其网络拓扑结构不断发生变化，节点城市的拓扑属性随之不断发生变化，因此，在蓄意攻击模式 2 下，每次攻击后重新评价节点城市的重要性指标，即节点度 DC、节点强度 BC、临近中心性 CC，评价结果可为制定铁路交通应急预案提供参考。

图 3-10 显示了在蓄意攻击模式 1 下铁路设施网络最大联通子图相对大

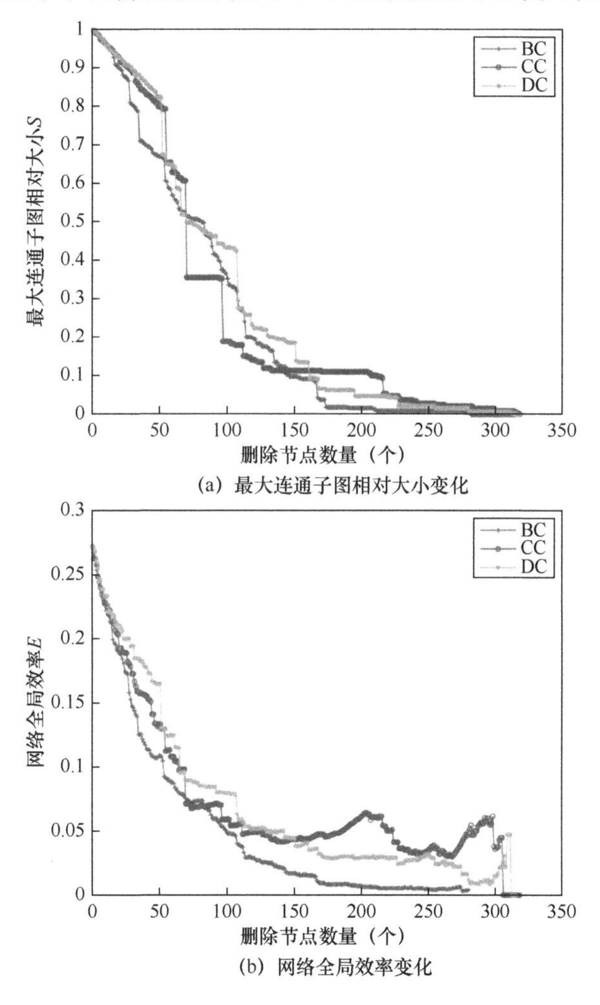

图 3-10 铁路设施网络在蓄意攻击模式下最大连通子图相对大小和网络全局效率的变化情况（蓄意攻击模式 1）

小 S、网络全局效率 E 的变化情况。S 和 E 均呈现起始下降速度快、之后逐渐变慢的态势。其中，指标 S 减小趋势的转折点是 100 个删除节点处，即在删除节点达到 100 个之前下降较快；同时，在删除节点达到 100 个左右时，指标 E 下降到一个较低水平，随后下降速度趋缓。由此说明，前 100 个节点城市主要承担了网络运行职能。

另外，图 3-10 显示，最大连通子图相对大小 S 的变化趋势中基于节点强度 BC 的攻击结果最先趋近于 0；就网络全局效率 E 的变化情况而言，也是基于节点强度 BC 的攻击策略曲线下降速度最快，网络全局效率最先趋近于 0。基于临界中心性 CC 和节点度 DC 的攻击效果较为相似，从网络全局效率 E 的变化情况看，两条曲线的重合度较高。基于临界中心性 CC 和节点度 DC 的攻击在接近结束时出现网络全局效率 E 的短暂升高，可解释为：攻击剩余的重要性较低的节点局部成网，有局部连通的可能性。综上所述，基于节点强度 BC 的攻击策略是蓄意攻击模式 1 中最有效的攻击策略，在该策略下中国铁路交通网络最脆弱。

图 3-11 显示了在蓄意攻击模式 2 下铁路设施网络的网络全局效率 E 和最大连通子图相对大小 S 的变化情况。在蓄意攻击过程中，铁路设施网络不断遭到破坏，网络拓扑结构不断发生变化，节点城市的拓扑属性随之不断发生变化，因此，在蓄意攻击模式 2 下，每次攻击后都重新评价节点的重要性指标，即节点度 DC、节点强度 BC、临界中心性 CC。根据图 3-11，依据 DC、BC 和 CC 的攻击结果具有较强的一致性，从第一次攻击开始，随着删除节点的增多，S 和 E 均急速下降，在删除节点比例约 10%时，网络全局效率已经下降至初始值的一半；最终在删除节点数约为 100 个时网络彻底失效（S 和 E 均减小至 0），网络分裂成无数个子网络或孤立节点。其中，基于 BC 和 CC 的最大连通子图相对大小 S 均在删除节点比例达到 20%之前坡度最陡峭、下降速度最快，超过该临界值之后，曲线逐渐趋于平缓；网络全局效率 E 的变化曲线也呈现较为一致的趋势。基于 DC 的曲线变化情况稍显滞后，即攻击效果较弱，但变化趋势仍较为一致，也在删除节点比例约 20%之前最大连通子图相对大小 S 的变化曲线急速下降。综合基于 BC、DC 和 CC 在不同攻击策略下网络的健壮性变化情况，可以认为 20%是重要的阈

值，即 20%的城市节点构成了主要铁路线路网络，维持着铁路线路网络的正常运行。

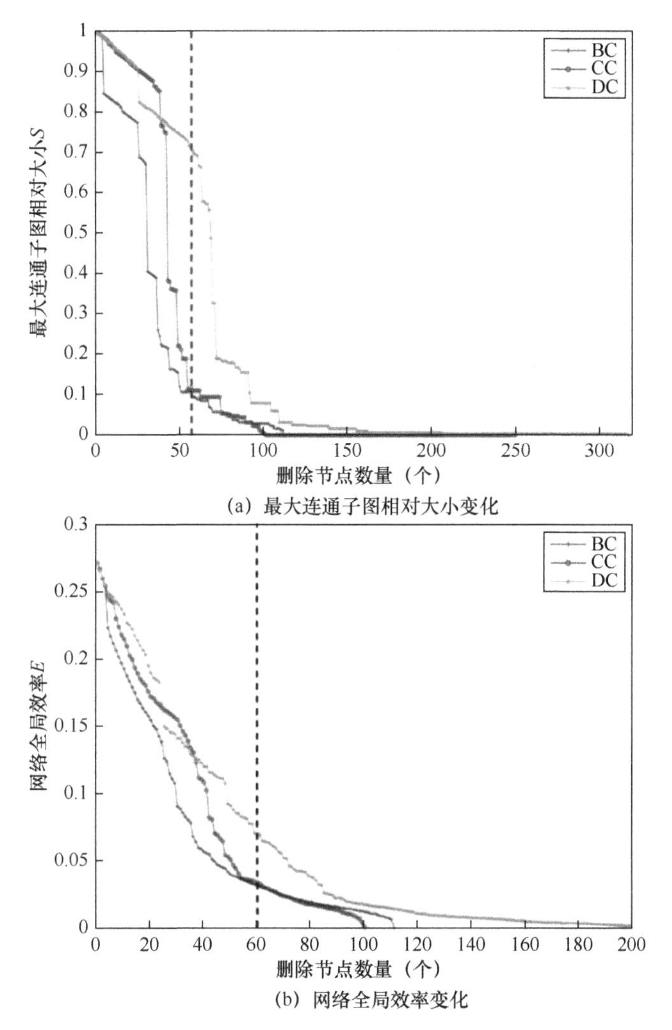

(a) 最大连通子图相对大小变化

(b) 网络全局效率变化

图 3-11 在蓄意攻击模式下铁路设施网络的最大连通子图相对大小和网络全局效率的变化情况（蓄意攻击模式 2）

由上述分析得到如下结论。首先，铁路设施网络（RPN）在随机攻击策略下较稳健，在蓄意攻击策略下较脆弱。其次，在蓄意攻击模式 1 下，铁路设施网络在删除节点数达到 300 个左右时崩溃（E 和 S 均减小至 0）；在蓄意攻击模式 2 下，铁路设施网络崩溃临界点为删除节点数 100 个左右，因此铁路设施网络在基于铁路服务网络节点重要性评价视角下的动态蓄意攻击策略（模式 2）下失效更快，蓄意攻击模式 2 是更有效的攻击模式。最后，在两种蓄意攻击模式下的结果均表明，在蓄意攻击模式 2 下基于 BC 攻击的曲线下降速度最快，是针对铁路设施网络最有效的攻击模式，究其原因是 BC 作为衡量节点枢纽性质的指标，依次删除网络中临界中心性 BC 最强的城市会导致最大范围的线路失效。

（2）铁路网络破碎化过程——健壮性空间分析。

为了更好地理解各种攻击对铁路网络结构的影响，本部分进一步分析了铁路网络破碎化过程中铁路设施网络的形态变化过程及健壮性状况。由上述分析可知，基于铁路服务网络视角下节点 BC 的蓄意攻击策略是最有效的攻击策略，因此，本节基于蓄意攻击策略进行铁路设施网络的健壮性空间分析。将删除 5%的节点记为第一次攻击，删除 10%的节点记为第二次攻击，删除 20%、30%的节点记为第三次、第四次攻击。为分析铁路网络破碎化过程，本节分析了省会城市及直辖市在蓄意攻击过程中的受攻击情况，分别基于东北部、东部、中部和西部四大区域分析了蓄意攻击过程的空间分异。其中，东北部包括辽宁、吉林和黑龙江三省，东部包括北京、天津、上海、河北、江苏、浙江、福建、山东、广东和海南，中部包括山西、安徽、江西、河南、湖北和湖南，西部包括重庆、广西、四川、贵州、陕西、甘肃、青海、西藏、内蒙古自治区和宁夏回族自治区。

表 3-8 统计的是每次攻击省会城市失效数量占当次新增失效节点总数的百分比；同理，统计每次攻击位于东部、中部、西部、东北部失效节点分别占当次新增失效节点总数的百分比。据统计，第一次攻击时失效的省会城市（直辖市）的比例达到 63%，并且在第四次攻击后全部被删除，凸显了省会城市对铁路网络整体稳健性的重要性。从四次攻击中各区域删除城市节点比例总数来看，东部（35%）=中部（35%）>西部（25%）>东北部（19%）。比较同一次攻击中内部失效节点所占比例：东部地区失效节点在第一次攻击（7%）和第三次攻击（16%）中所占比例最大，中部地区失效节点在第二次攻击（10%）和第四次攻击（11%）中所占比例最大。根据重要性高的节点优先

被删除的攻击策略，东部和中部城市对我国铁路网络结构起决定性作用；西部城市被删除比例在四次攻击中较为平均，其重要性处于中等位置；东北部被攻击节点集中在第三次攻击和第四次攻击，说明从健壮性视角出发东北部的城市的在铁路网络中的重要性较低。

表 3-8 四次攻击中失效城市空间分布

攻击次数	第一次攻击 5%	第二次攻击 10%	第三次攻击 20%	第四次攻击 30%	总 计
省会城市（直辖市）	63%	19%	28%	13%	/
东部	7%	3%	16%	9%	35%
中部	6%	10%	8%	11%	35%
西部	5%	5%	6%	9%	25%
东北部	0%	0%	11%	8%	19%
攻击节点总数（个）	16	16	32	32	96

在每次攻击过程中，铁路设施网络碎片化过程如图 3-12 所示（黑色节点为第一次攻击对象，灰色节点是第二次攻击对象）。如图 3-12（a）所示，在第一次攻击中，北京、天津和石家庄失效，导致东北部铁路设施网络局部成网，无法接入网络主体；武汉和郑州失效，导致中部区域铁路网络密度大幅降低，显示了武汉和郑州在中部地区的交通枢纽作用；西部地区的西安和兰州两座城市分别在前两次攻击中失效，导致西部地区本就稀疏的网络与主干网络部分脱离形成了子网络，无法与中部、东部地区连接。当删除节点达到 20%时，铁路设施网络明显稀疏［见图 3-12（c）］，正常运行的铁路段不到初始状态的 30%，只存在局部连通，尤其是以山东半岛内城市节点之间联系最频繁，受节点失效的影响最小。当失效节点数达到 30%时［见图 3-12（d）］，只有少数空间邻近的城市之间具备连通的可能性。结合前文分析结论，当删除节点的比例达到 20%时，网络濒临瘫痪［见图 3-11］，由此再次证明了在基于 BC 的蓄意攻击模式 2 下，20%的节点城市作为铁路设施网络维持健康形态和基本功能的攻击阈值的合理性。

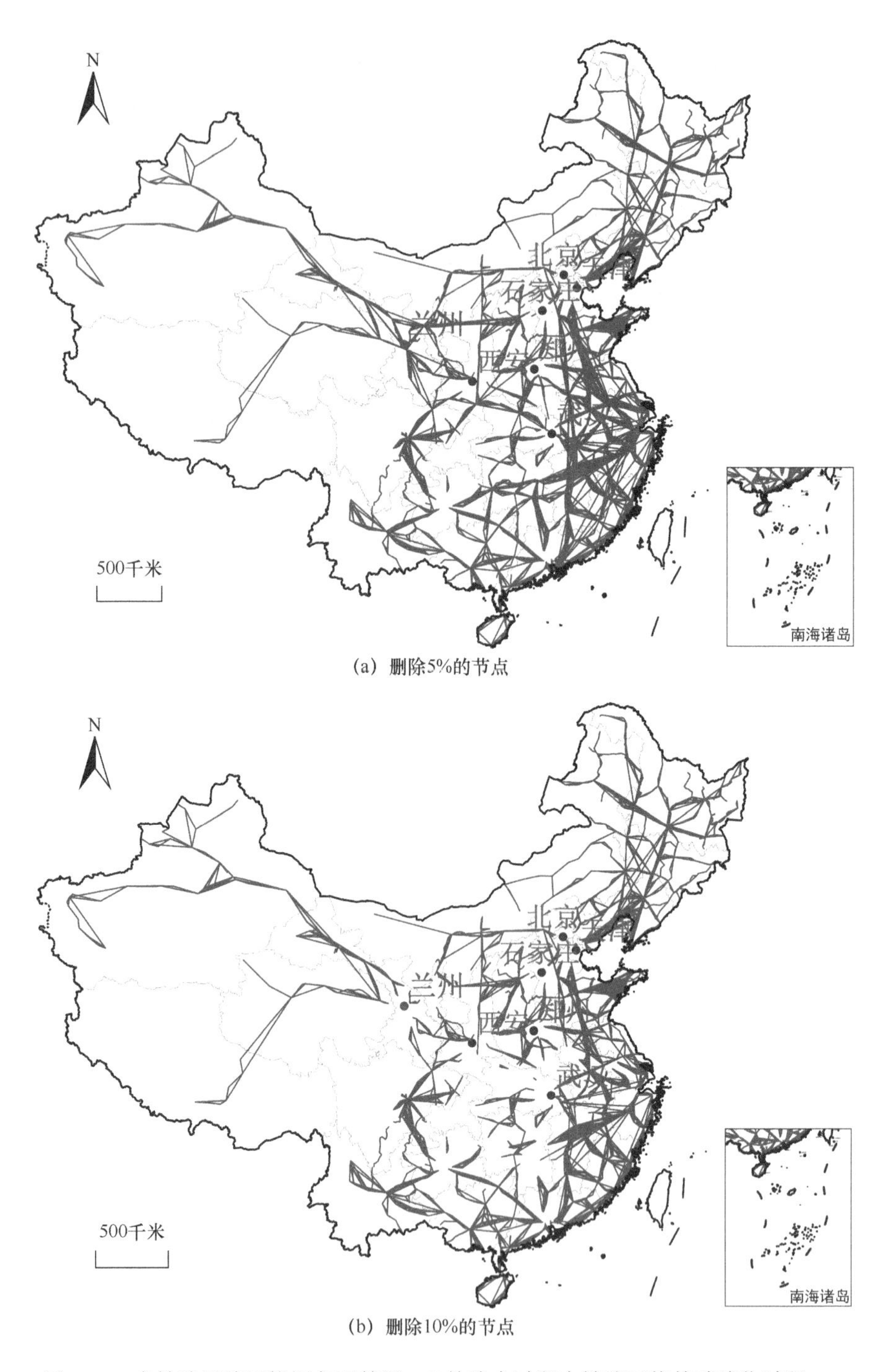

图 3-12 在铁路设施网络视角下基于 BC 的攻击过程中铁路网络的破碎化过程

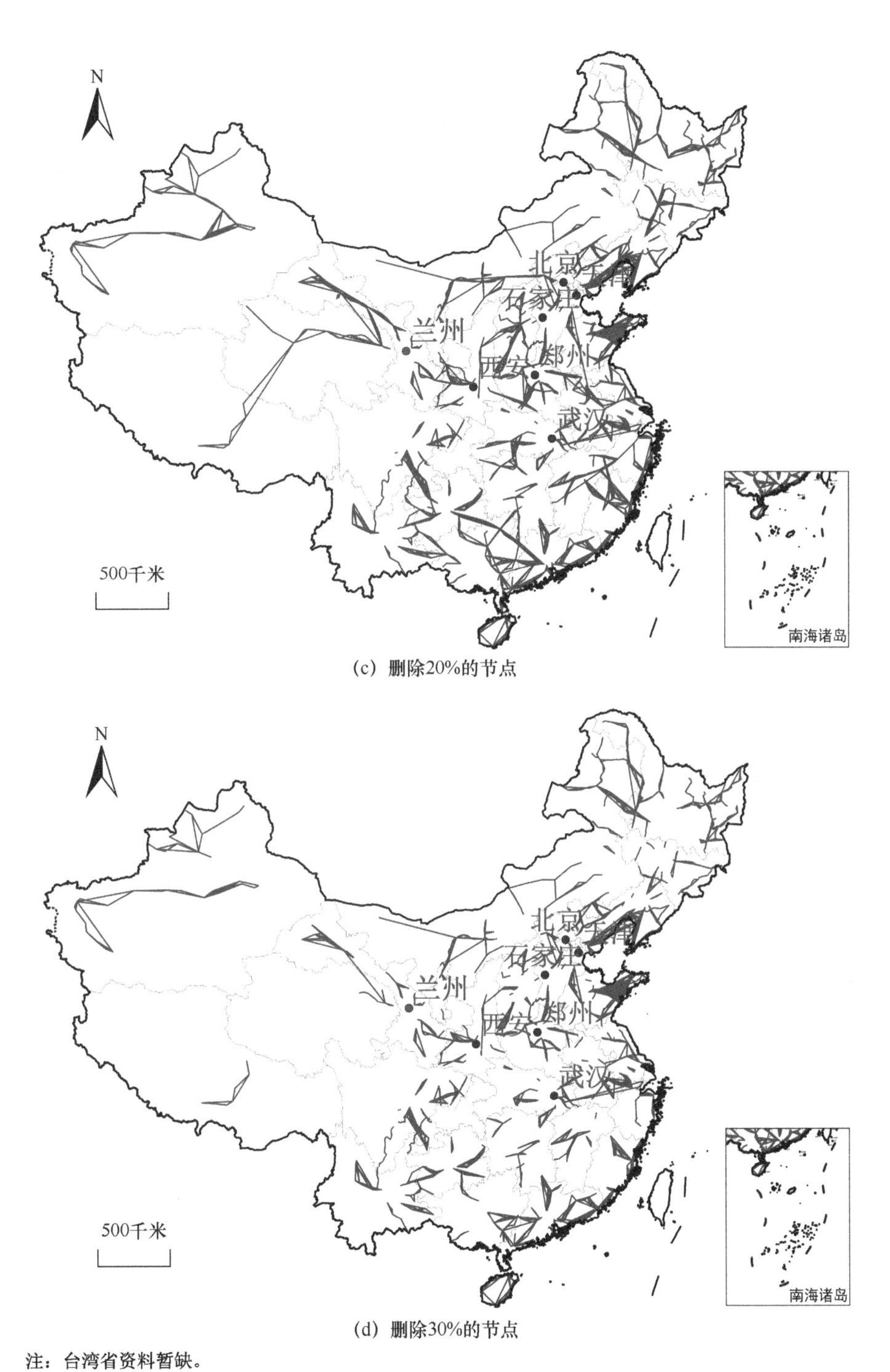

(c) 删除20%的节点

(d) 删除30%的节点

注：台湾省资料暂缺。

图 3-12 在铁路设施网络视角下基于 BC 的攻击过程中铁路网络的破碎化过程（续）

（3）网络主干分析。

网络主干是网络中承担主要客运联系的子网络，决定着整个网络的交通运行效率。一旦网络主干部分受到攻击，整个网络会很快崩溃。前文分析表明，依据铁路设施网络中 BC 的蓄意攻击策略是使铁路设施网络瘫痪最有效的策略，为此本部分依据在两种蓄意攻击模式下节点城市被移除的顺序确定网络主干。铁路交通网络健壮性动态模拟结果显示，铁路设施网络的正常运行依赖 20%的节点城市，据此确定我国铁路客运网络主干部分由在两种蓄意攻击模式下铁路设施网络中最先被删除的前 20%的节点城市组成。

图 3-13（a）和图 3-13（b）显示的是中国铁路客运网络在蓄意攻击模式 1 和蓄意攻击模式 2（分别基于铁路服务网络和铁路设施网络）下的铁路交通网络主干部分及途经主干部分的列车线路。前者表征了铁路服务网络（TSN）的主干部分。由于铁路服务与人口经济分布格局密切相关，因此，铁路服务网络的主干部分体现了中国区域间的经济联系。后者表征了铁路设施网络的主干部分，该部分是支撑中国铁路正常运行的关键。两个主干部分看起来相似，但各自的主干城市有很大的不同。可以直观地看到，前者由东北向西南伸展，而后者主要集中于中部地区。在铁路服务网络的主干部分，经济相对发达的中东部地区城市占据了主要位置；但就铁路设施网络的拓扑结构而言，重要性较高的节点城市主要分布于中部地区，这表明分布于中部地区的铁路设施网络的主干部分更易于导致铁路设施网络瘫痪。

此外，图 3-13（b）展示了主干网络及途经主干网络的列车线路，可以清晰地看到由南北向京港澳线和京沪线、东北地区的京哈线，以及东西向的沪汉蓉、沪昆高速和京兰线组成的主干网络。北京、天津、石家庄和廊坊作为华北地区的几大旅客集散地，连接东北地区的主要线路；中部地区城市武汉和郑州对铁路交通网络全局影响巨大；西安和乌兰察布是西北方向和内蒙古方向线路的主要依托城市。从网络健壮性视角出发，识别以上关键节点城市，在客运专线运输过程中对其进行有效保护，以保障铁路网络的整体稳定性，提高铁路网络的运输效率。

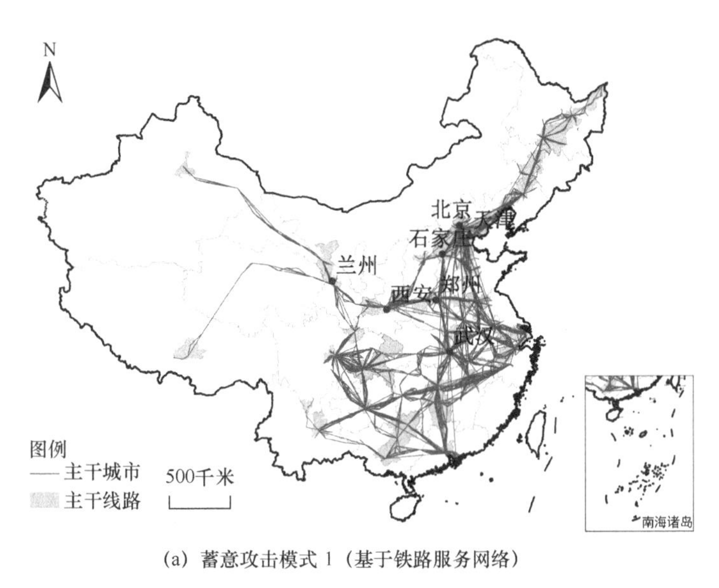

(a) 蓄意攻击模式 1（基于铁路服务网络）

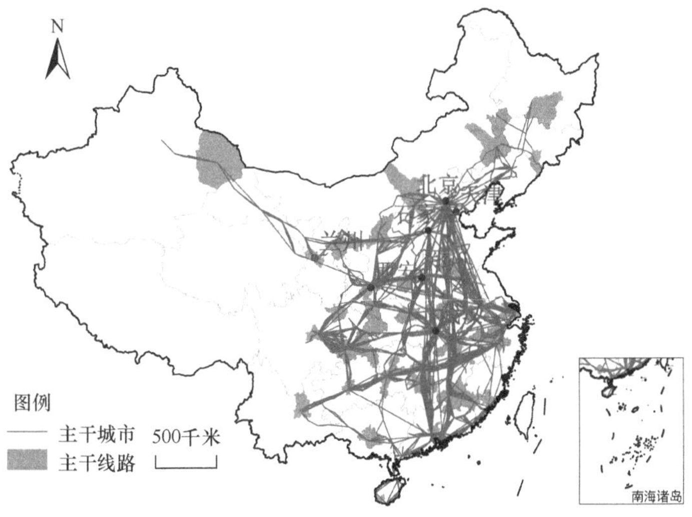

(b) 蓄意攻击模式 2（基于铁路设施网络）

注：台湾省资料暂缺。

图 3-13 中国铁路客运网络主干识别结果

由于蓄意攻击模式 2 是瘫痪铁路交通网络最有效的方式，所以本节进一步分析了在该攻击模式下识别的主干城市。表 3-9 列举了在铁路设施网络评价基础下基于 BC 蓄意攻击策略时，前八次攻击的节点及各自对应的初始 BC 的指标排名，可以看到攻击顺序和节点度排名差异很大，这表明每次攻击之后节点的 BC 变化很大。其中，天津、石家庄、廊坊、乌兰察布攻击顺序提前，武汉、西安、郑州攻击顺序推后。

在北京节点被删除后，原本 BC 排名第 40 位的天津节点成为网络中换乘属性最强的节点，说明大量从北京始发或途经的线路都可以在北京节点发生故障后绕道天津节点。石家庄、廊坊和乌兰察布同理，这些节点与北京在地理位置上邻近，在北京节点正常运作的情况下保持“静默”，一旦北京节点发生故障，这些节点的作用就会显现，能疏解部分客流，在一定程度上保持铁路交通网络正常运行。相反，武汉、西安和郑州是在原始状态下 BC 排名靠前的节点，究其原因，有些 BC 排名靠前的节点城市对网络全局没那么重要，即这几座城市的区域枢纽性质强于对网络全局的重要性。由此看到，通过动态模拟网络健壮性识别的主干城市不同于通过 K 核等方法识别的结果，而后者是基于运力、中心性或重要性等的静态拓扑指标。

表 3-9　在蓄意攻击模式 2 下前 8 座城市及其 BC 排名

城　市	攻击顺序	BC 排名
北京	1	1
天津	2	40
石家庄	3	11
廊坊	4	165
乌兰察布	5	149
武汉	6	4
西安	7	2
郑州	8	6

7. 结论

随着我国铁路网络不断完善，铁路交通在保障国民出行、促进社会经济平稳发展中发挥着越来越重要的作用，稳定可靠的铁路网络对我国居民日常出行、物资运输具有重要意义。铁路内部故障或不可抗力因素，导致我国高速铁路网络部分线路中断、部分站点暂停营运的事故时有发生，对我国高速铁路网络的服务能力造成不同程度的影响。探明铁路网络结构及其健壮性，对制定铁路故障应急预案、提升铁路网络运输效率、保障铁路网络平稳运行有十分重要的意义。本节采用复杂网络分析算法解析了中国铁路网络结构，基于此模拟分析了铁路网络的健壮性，并挖掘出中国铁路交通网络的主干部分，具体结论如下。

（1）在不同规则下构建的铁路复杂网络表现出不同的网络拓扑性质。铁路设施网络（RPN）是较典型的无标度性小世界网络，而铁路服务网络的节点度、节点度分布、聚集系数呈现负相关的结果；结合现有文献可知铁路营运策略与航空营运策略不同，铁路服务网络呈现复杂的网络化结构或层级结构。

（2）铁路交通网络健壮性模拟结果表明，铁路交通网络在随机攻击下表现稳健，在蓄意攻击下表现脆弱。在铁路服务网络（TSN）视角和铁路设施网络（RPN）视角下的网络崩溃（E 和 S 均减小至 0）的临界节点数分别约为 300 个和 100 个，因此 RPN 在基于节点重要性评价视角的动态蓄意攻击策略下失效更快。其中，在 RPN 节点重要性评价视角下，基于 BC 的蓄意攻击策略是最有效的。在两种蓄意攻击模式下的模拟得到了较为一致的结论：20%删除节点的阈值，即当删除前 20%节点时，铁路交通网络健壮性指标快速下降，超过该阈值后铁路交通网络相对稳定，因此铁路交通网络中 20%的节点城市承担了铁路交通网络的主要线路运行任务。

（3）基于 RPN 视角的 BC 动态蓄意攻击策略提取出对整个铁路交通网络具有重要意义的 20%的节点组成主干网络，主干网络的崩溃将使铁路交通网络瘫痪。铁路交通网络主干网络识别过程显示了城市的重要性排序，对铁路交通网络最重要的节点是北京、天津、石家庄、廊坊、乌兰察布、武汉、西安、郑州、广州、长沙、阜阳等城市。从主干网络中城市的空间分布可以明显地看到，主干网络中城市组成了南北向京港澳线和京沪线、东北地区的京哈线，以及东西向的沪汉蓉、沪昆高速和京兰线的主要骨架。

未来的研究还需要在以下几点进行深入：首先，由于铁路交通网络的复杂性，其健壮性仅用网络全局效率 E 和最大连通子图相对大小 S 表征显得单薄，可进一步考虑引用更多指标进行评价，如相对熵（Feng et al.，2013）；其次，铁路交通网络的功能特征会影响其健壮性评价结果，因此，有必要建立有向的铁路交通网络，并考虑列车频数、旅行时间、人流量等进一步演化研究。此外，一般来说，当某铁路站点发生故障时，那些靠近它的铁路站点会成为替代目的地，那么具有替代目的地越多的城市，其重要性会因此降低，所以有必要在评价节点重要性时同时考虑拓扑性质和空间邻近性。

3.2 城市空间模拟模型

3.2.1 城市空间模拟模型概述

城市空间模拟模型是对城市空间发展规律的进一步演绎，是对城市空间演化规律的应用。城市空间模拟模型用于模拟城市空间发展过程，预测未来状况，验证政策影响。自 20 世纪 60 年代末开始，计算机辅助城市模拟技术被引入城市规划，学术界对空间经济联系的研究从简单的定性、静态描述转变为更加注重联系过程的动态分解和定量模型的运用，城市空间演化过程模拟成为关注的焦点，并开发了不少有影响力的模型。著名学者 Batty 教授将其分为两类：基于元胞自动机（Cellular Automata，CA）和 Agent 模拟技术的模型、Lowry 模型系列（Batty，2008，2013）。

基于 CA 和 Agent 模拟技术的模型提供了一种自下而上、从微观到宏观的模拟思路（Batty，2008，2013）。具体来说，就是通过模拟大量微观主体的行为及其相互作用来研究城市空间的宏观动态演化规律，从而实现对城市系统的不确定性的更好把握（戴尔阜等，2019；刘小宇等，2018；Ahmed et al.，2017；Stanislaw et al.，2017；杨俊等，2016；龙瀛等，2014）。基于 CA 和 Agent 模拟技术的模型在城市空间模拟中已经得到应用（晁怡等，2007；沈体雁等，2009；李少英等，2013；俞孔坚等，2012）。目前，基于 Agent 模拟技术应用研究的重点正由土地利用变化向人口、社会等领域拓展（田达睿，2019；邱文平等，2019）。但是，采用 CA 模拟技术通常需要微观层面详细的个体行为数据，数据可获得性受到较大限制；并且由于个体间行为差别很大（例如，不同规模的公司有不同的市场行为），个体行为描述极为复杂，这成为建模的一大障碍（Batty，2013）。此外，在模拟过程中，Agent 通常是随机进化的，每次运行结果都有所不同，影响了结论的准确性和可靠性。

Lowry 模型系列指的是基于传统的 Lowry 模型框架发展派生的一类 LUTI 模型。该类模型通常处理和输出聚合数据集，将各种驱动力收敛于一个平衡状态，是自上至下的模拟过程（Batty，2013）。该类模型在模拟城市社会经济活动宏观格局中具有较大优势。Lowry 于 1964 年建立了第一个 LUTI 模型，模拟城市空间发展趋势，其被称作 Lowry 模型（Lowry，1964）。Lowry 模型将城市经济部门分为基础部门和服务部门，给定基础部门的区位，Lowry 模型输出居民和服务部门的空间分布。之后，诸多学者对 Lowry 模型进行了实证分析，并做了进一步发展（Wang，1998）。近些年，由于计算机技术的不断发展，以及多学科交叉趋势日益显著，越来越多的新方法、新理论被引入 LUTI 模型研究中，并发展了一系列模型，如 TOPAZ、DRAM-EMPAL、OSAKA、DELTA、MEPLAN 等（Niu et al.，2019；Zondag et al.，2015；Brandi et al.，2014；Aljoufie，2014；Coppola et al.，2013；Simmonds et al.，2011；Echenique et al.，1990）。这些工作在辅助城市空间决策中发挥了重要的支撑作用，逐渐把城市空间的动态性和复杂性特征反映出来，是城市模型发展的重要突破。

3.2.2 CA 模型

从 20 世纪 90 年代开始，GIS 技术日益成熟，其在城市空间模拟研究中得到了非常广泛的应用。同时，复杂性科学与人工智能技术的进步，为城市模拟模型带来了新的概念与算法，而 CA 模型正是这一过程中的典型代表。CA 模型是一种时间、空间、状态都离散，空间上的相互作用和时间上的因果关系皆局部的格网动力学模型。CA 模型“自下而上”的研究思路、强大的复杂计算功能、固有的并行计算能力、高度动态性及具有空间概念等特征，使得其在模拟空间复杂系统的时空演变方面具有很强的能力，因而在地理学研究中具有天然的优势（周成虎等，1999）。同时，CA 模型是天然的时空一体化模型，具有规则划分的离散空间结构，因而在模拟具有时空特征的地理复杂系统时更具优势（陈干等，2000）。CA 模型没有明确的方程形式，而是包括了一系列模型构造的规则，而且它基于空间相互作用，而不是社会、经济指标间的影响关系，因而更能反映空间格局变化及由此带来的进一步反馈作用。另外，由于 CA 模型中的细胞空间划分可以非常细小，因此其能在精细尺度上表现城市空间结构的变化。CA 模型通常可以在更长的时间尺度上反映城市产生、发展直到消亡的寿命历程。CA 模型在城市增长、扩散和土地利用演化的模拟方面研究最早、最为深入，也是当前 CA 技术应用的热点（陈述彭，1999）。

1. CA 模型的基本原理

CA 模型最早由著名数学家冯·诺依曼在 20 世纪 40 年代提出，是一种基于微观单元之间相互作用、演变进而模拟出复杂系统的模型。不同于传统的基于线性方程的模型，CA 模型能够反映出复杂系统凸显、混浊与进化等特征（Wolfram，1984；Chen et al.，2002）。区别于系统动力学模型，CA 模型采用“自下而上”的思想对复杂系统进行模拟，并且是由一系列规则组成的，没有严格意义上的物理或数学方面的方程，因而是一种方法框架，是一类模型的总称（Chen et al.，2002）。

CA 模型是由元胞（Cell）、元胞状态（Cell States）、元邻域（Neighborhoods）、转换规则（Transition Rules）构成的。元胞是 CA 模型的基本组成单位，每个元胞可以拥有多个状态，但在某个固定时刻只有一个状态，而且该状态取自一个有限集合（该集合可以是类似于“0”或“1”的二元集，也可以是包含多种变量的离散集合）。元邻域是中心元胞根据某个特定的规则确定的多个元胞集合，其影响着中心元胞下一时刻的状态，通常采用 4 种类型，如冯·诺依曼型元胞邻域、马格勒斯型（Margolus）元胞邻域等。转换规则是在元邻域的限定下元胞状态随时间变化的函数，它是 CA 模型的核心部分，决定了 CA 模型最终的模拟结果，可以表示为（Amoroso，1972）

$$A=(d,s,N,f) \tag{3-16}$$

式中，A 代表 CA 系统，d 表示维数，s 代表元胞状态，N 表示元邻域，f 为局部转换函数。

从元胞自动机模型的构成及规则上分析，标准的 CA 模型应该具备以下几个方面的特征（曹雪，2010；周嵩山等，2012）。①同质性、齐性：同质性主要表现为元胞空间内的每个元胞的变化都遵循相同的规律，即元胞自动机模型的规则；齐性指的是每个元胞的大小、形状、分布方式相同，并且空间分布规则整齐。②空间离散：每个元胞都按照规则格网离散地分布在网格点上，其状态由确定性的规则进行演变。③时间离散：CA 模型演化前一时刻的元胞状态只对下一时刻的元胞状态产生影响。④状态离散有限性：每个元胞的状态只能为有限个，连续状态的动力系统往往不需要经过粗粒化处理就可以转化为符号序列。在实际应用中，往往需要将部分连续变量进行分类、分级等离散化，以方便元胞自动机模型的建立。⑤同步计算性（并行性）：每个元胞状态的变化都是互相独立的，相互之间不会产生任何影响，如果将元胞自动机模型的构形变化过程看作对数据或信息的处理或计算，那么元胞自动机模型的处理过程是同步的，这种处理方式特别适合并行计算。⑥时空局域性：中心元胞在某个时刻的元胞状态，仅与其元邻域内的元胞状态有关；从信息传输的角度来看，元胞自动机模型中信息的传递速度往往是有限的。⑦高维性：设元胞状态有 k 个值，理论上 CA 模型的转换规则有 k^n 种，因此 CA 模型对复杂系统具有较强的模拟能力。

城市空间演化在整体上一般表现为既有城市用地的衍生扩张，从微观角度看，它实际上对应了城市中不同地块上土地利用状态的变化情况。地块上土地利用状态的变化在现实中受到其周边地块土地利用情况的影响，这个特点与 CA 模型中元胞状态受邻居状态影响而变动这一属性十分相似，从而有理由把城市用地扩张和 CA 模型的元胞生长联系起来，并认为城市空间生长及演化机制和 CA 模型中元胞生长机制之间具有同构性。具体而言，城市中每个地块可视为 CA 模型中的元胞，地块上的土地利用状况对应元胞状态，城市演化发展的集聚效应可理解为 CA 模型中的元邻域作用，城市中非城市用地转变成城市用地的规律就是 CA 模型中的状态转换规则。显然，将 CA 模型用于模拟城市空间演化的过程具有合理性。

CA 模型在复杂系统中模拟的优势使其在城市扩张模拟中得到了广泛应用，运用 CA 模型具有以下优势（黎夏，2007）。①CA 模型与 GIS 可方便地实现耦合：在数据交流方面，在 CA 模型和 GIS 中均可方便地实现对栅格数据的处理；在数据处理方面，CA 模型与 GIS 均采用离散的方式实现数据处理，因此可以方便地实现数据交流。②CA 模型“自下而上”的模拟思路与城市土地利用扩张进程中的自组织现象非常相符，因此 CA 模型适合对城市土地利用扩张进行模拟。③CA 模型的模拟过程同时涵盖了时间、空间和状态，并且将这三要素视作同等重要的要素进行模拟，确保了 CA 模型在形式和功能上的一致性。④CA 模型是一种动力学模型，可对城市土地利用扩张的动态演化过程进行模拟，其相对于静态模型更具优势。

2. CA 模型在城市空间模拟中的应用

CA 模型在模拟复杂系统的动态演化方面具有显著优势，自 20 世纪 90 年代以来，越来越多的学者将 CA 模型用于模拟城市系统的经济增长与情景分析，由此诞生了诸多影响深远的城市 CA 模型。

20 世纪 70 年代，Tobler 利用 CA 模型模拟了美国五大湖底特律地区的城市扩张，这是首次将元胞自动机模型的概念引入地理学研究中（Tobler，1970）。20 世纪 80 年代，Couclelis 对 CA 模型在城市扩散中的应用进行了充分的理论论述，她认为城市发展政策和模拟的不确定性决定了 CA 模型的广泛应用，并就 CA 模型与地理信息系统（GIS）的集成方面进行了深入研究，其对元胞自动机模型模拟城市扩散的研究具有深远影响（Couclelis，1985，1989）。

进入 20 世纪 90 年代，城市空间模拟研究中涌现出越来越多的 CA 模型案例应用。White et al.（1993）应用元胞自动机模型模拟了美国辛辛那提市的土地利用变化；Deadman et al.（1993）利用 CA 模型预测了加拿大安大略省农村居民点的分布模式和扩张过程，模型结果表现出较高的准确性。还有一些学者将 CA 模型应用于城市形态、城市扩展及城镇用地状况的模拟研究（Phipps，1992；Cecchini，1996）。近期，一些研究者开始致力于开发综合城市模拟模型，它们能够反映人口和城市环境（其中可以做出选择）的动力学变化（Iacono et al.，2011）。

随着我国对城市空间演化模拟的需求越来越广泛，城市空间模拟模型研究也越来越深入。Wu（1998）提出了第一个在中国城市背景下的元胞自动机模型（Sim Land），通过使用元胞自动机模型将 AHP 决策的不同方案纳入土地利用变化模拟过程之中。还有一些学者构建了基于 GIS 的元胞自动机模型，据此模拟地理时空演化过程。孙战利（1999）在地理信息系统集成的基础上提出了一种 CA 模型框架，对美国安阿伯波市的城市增长与扩散进行了生动的模拟和预测。韩玲玲等（2003）对 CA 模型进行扩展，再与 GIS 集成，提出一种模拟城市增长与土地增值时空动态过程的新方法，并以四川省德阳市为例进行分析。罗平等（2003）将元胞自动机模型与城市经典模型有机集成，推导出了基于均质地理背景和孤立城市假设的城市人口密度时空模型，起到控制城市化轨迹的基本作用，在某种程度上能够弥补 CA 建模过于简单的不足。此外，对 CA 模型的改进和拓展研究也有很多（黎夏等，2007；柯新利等，2010；张亦汉等，2013；杨俊等，2015）。

CA 模型大致可以分为 3 种类型：传统 CA 模型、集成模型和三维模型。

（1）传统 CA 模型：传统 CA 模型出现最早，应用最为广泛。英国伦敦大学学院的高级空间研究中心较早对城市 CA 模型的理论背景、扩展机制、应用方法等进行了系统研究，取得了丰硕的研究成果，培养了多位在城市 CA 模型领域具有影响力的学者，如迈克尔·巴蒂、伊扎克·贝嫩森、保罗·托伦斯等。这些学者在不断扩展标准 CA 模型的基础上，广泛研究了城市扩张、土地利用、住房户型等的动态演化。传统 CA 模型形成了一系列基于建筑与城市空间的 CA 模型要素扩展机制，为推动城市 CA 模型的发展起到了非常重要的作用。

（2）集成模型：空间系统的复杂性很难仅通过某个模型进行描述，因而需要扩展城市 CA 模型的应用能力，将其与其他空间模型进行集成。最为常见的是 CA 模型与地理信息系统（Geographic Information System，GIS）的集成，通过发挥 CA 模型在时空动态建模方面的优势，并利用 GIS 强大的空间数据管理能力进行优势互补。此外，将 CA 模型与分形算法结合，可体现空间系统所具有的分形特征，更好地预测并控制空间系统的演化方向。神经网络、遗传算法等也可以与 CA 模型集成，以进一步提高城市 CA 模型的应用能力。

（3）三维模型：二维城市 CA 模型主要是对平面空间信息的表达，无法完整地描述三维空间的发展。如今建筑与城市的动态变化在很大程度上依赖三维空间，因此有必要将 CA 模型向三维扩展，以更加准确、真实地表达空间系统的特征。截至目前，利用三维 CA 模型进行空间研究仍处于探索阶段，但其重要性已愈发显现，城市 CA 模型向三维发展已成为必然趋势。

常见的 CA 模型有 SLEUTH 模型（Clarke et al.，1998）、MCE-CA 模型（Wu，1998）、约束性 CA 模型（White et al.，1997）、Logistic-CA 模型（Wu，2002）、IF-THEN 规则 CA 模型（Li et al.，2004）、ANN-CA 模型（Li et al.，2002）、CBR-CA 模型（Li et al.，2006）等。其中，SLEUTH 模型将城市空间增长过程概括为 4 种类型（自发增长、扩散增长、边缘增长和随道路蔓延），可以为研究者提供更直观的城市演化规律信息；MCE-CA 模型、约束性 CA 模型和 Logistic-CA 模型等则将元胞由“非城市”状态转变为“城市”状态的概率表示为城市发展适宜性和邻域效应的函数；IF-THEN 规则 CA 模型和 ANN-CA 模型利用了机器学习方法在处理复杂非线性关系方面的优势，进一步提高了模型结果的精度和可靠性；CBR-CA 模型规避了城市系统时空异质性的规则化表达难题，通过案例推理的方式，直接利用“旧经验”（样本数据组成的案例库）来解决“新问题”（预测某个位置是否由“非城市”状态转变为“城市”状态），适用于空间范围较广、异质性较高的区域尺度城市增长模拟（陈逸敏等，2020）。尽管这些模型各有特点，体现了对城市演化过程建模的不同思路，但基本原理都是通过简单的局部转换规划模拟出全局的、复杂的城市发展模式，体现了“简单子系统的相互作用可组合形成复杂系统”这一精髓（黎夏，2007）。

由于 CA 模型的自身局限性及城市系统的复杂性，基于 CA 模型的城市模拟面临适应性问题。土地作为人类活动的承载者，其发展演变必然体现出人的意志。在这个意义上，土地的生长、演变及衰败都是适应环境的结果。近年来，对土地生长、演变的模拟是城市仿真的热点（Batty et al.，1994；Clarke et al.，1997；Wu et al.，2000），但很少有研究模拟城市的衰败，即逆城市化。逆城市化是指，由于土地适应环境的能力不断被破坏，城市在竞争中逐渐处于劣势而遭到淘汰。因此，应该在真实城市模拟中考虑适应性、仿真失控问题。传统 CA 模型一般不考虑宏观因素，其系统的自组织来自系统元素的局部相互作用，控制因素单一，状态变化取决于自身和邻居的状态组合。但是，城市的发展演变并不仅取决于系统本身局部规则的作用，而是各种尺度上多种因素综合作用的结果。因此，微观自组织和宏观影响因素的有效、合理结合，应该在CA模型中得到充分重视。

3.2.3 土地利用—交通相互作用模型

1. 土地利用—交通相互作用模型概念及基本算法

土地利用—交通相互作用（LUTI）模型是数植模拟模型，旨在利用计算机的递归算法模拟城市空间无限发展的过程。在“土地利用—交通相互作用”一词中，“土地利用”并非通常意义上的物理土地利用，而是指需要占用空间（场所）的社会经济活动，这些场所通常是人们居住和工作的地方；相关研究对“土地利用”数量的关注侧重的是室内空间面积。也有土地利用模型关注的是严格意义上的物理土地利用（Landis et al.，2001），但这些土地利用模型不被称作“土地利用—交通相互作用模型”（Simmonds et al.，2011），因此不在本文的讨论范围内。LUTI 模型关注的城市社会经济活动一般分为两大类：家庭和公司（包括各种就业单位）。这些经济活动需要使用“室内空间”和交通设施，而交通反过来可以影响社会经济活动的区位。城市空间演化过程是土地利用系统和交通系统不断相互作用的过程（Lowry，1964）。

现有 LUTI 模型具有相似的架构，一般包括交通模型和土地利用模型两大组成部分。其中，交通模型根据城市活动空间分布及交通路网评价城市交通可达性，土地利用模型根据交通可达性和其他各种影响因素预测城市空间发展趋势。在城市发展过程中，社会经济活动空间分布在交通系统的作用下发生改变，这必然改变城市各区位的房租、交通可达性等因素，进而导致社会经活动空间分布随之发生变化，并再次导致房租等因素改变，如此不断相互作用，直至平衡（或达到某种状态）。图 3-14 给出了 LUTI 模型一般性的结构框架，其中包含递归算法。另外，在不同的案例中，交通模型和土地利用模型（区位模型）的具体实现细节有较大的差别，也导致 LUTI 模型在功能结构、实现技术上存在差异。

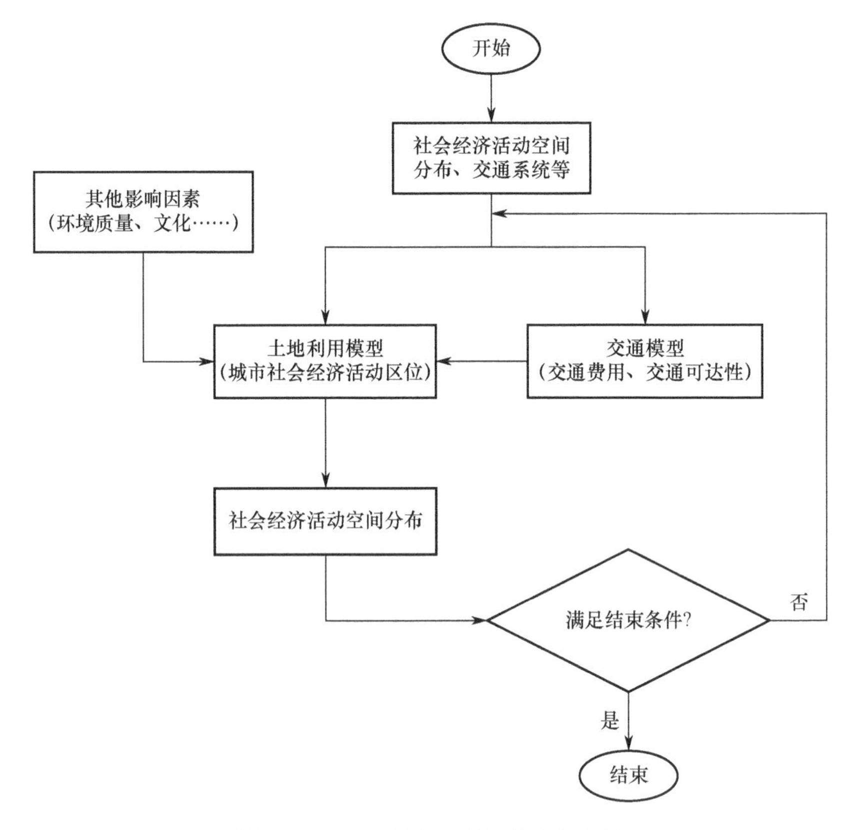

图 3-14　LUTI 模型一般性的结构框架

2．LUTI 模型的起源及发展历程

20 世纪 50 年代，美国学者首先对城市交通与空间发展的相互关系进行了系统研究。Hansen 的研究认为，交通更好的位置拥有更好的发展机会、更高的城市密度；城市交通与社会经济活动区位相互影响，交通系统和土地利用规划决策应相互配合、协调处理（Hansen，1959）。该思想风靡美国规划界，奠定了 LUTI 模型的理论框架。其包含的城市土地利用、交通相互作用关系可以归纳为：城市土地利用空间分布（如居民区、工业区、商业区等）决定了人类活动的区位（居住、工作、购物等）的空间分离，需要通过交通相互作用，而交通便捷度（可达性）决定了人类活动的区位选择，反过来导致土地利用系统的变化，如此循环。城市土地利用系统与交通系统的反馈过程如图 3-15 所示。

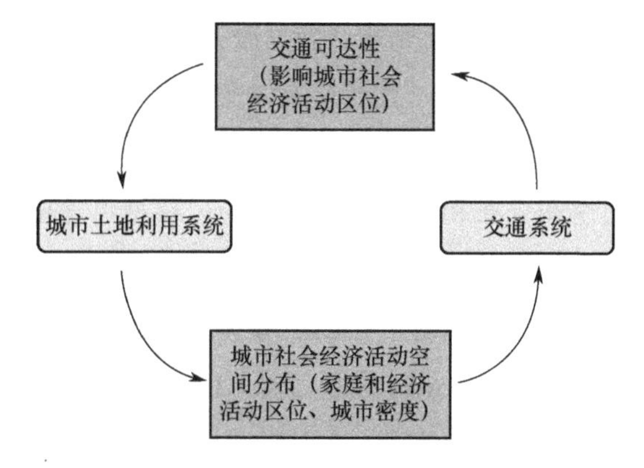

图 3-15　城市土地利用系统与交通系统的反馈过程

20 世纪 60 年代初，定量模拟在城市规划领域得到了空前的关注。为了实现城市定量模拟、辅助决策，研究人员大量采用其他学科的模拟分析方法，城市模型、模拟技术得到了飞速发展。1964 年，Lowry 基于 LUTI 理论首次尝试采用计算机技术建立城市模型，称作 Lowry 模型（Lowry，1964；Horowitz，2004），该模型成为 LUTI 模型发展的里程碑。Lowry 模型将城市空间看作由土地利用与交通网络组成。其中，土地利用指的是各种经济活动对空间的占用，经济活动包括居住、生产、服务。模型认为，城市空间发展过程是各种经济活动通过交通网络相互作用的过程，基础生产部门是城市赖以存在的根本，生产的商品或提供的服务超越城市边界，销往城市外部，为城市带来收益；而服务部门生产的商品或提供的服务在城市内部消费或维持城市的正常运转。给定基础部门的区位，Lowry 模型输出居民点、服务部门的空间分布（城市土地利用）。Lowry 模型包含居住区位模型和服务业区位模型，两个模型相互嵌套。Lowry 模型运行思想如下：

（1）确定生产部门的空间位置，生产部门的空间位置通过交通网络决定其工作人口的居住位置，模型认为这决定了城市的总人口；

（2）居住位置决定其周围各个地块的商业（服务业）价值，即决定了各服务部门的空间分布；

（3）服务部门人口同样需要居住用地，其居住位置将由服务部门的空间位置决定，这样总人口就有了变化，围绕新的总人口，各地块的价值就会发生变化，并且产生了更多的服务需求（新增服务部门的人员同样需要服务）；

（4）重复第（2）、（3）步，直到总人口变化很小为止，这时的平衡状态就认为是城市空间发展趋于的状态。

给定基础部门空间分布和交通网络，Lowry 模型将输出居民点、服务部门的空间分布（城市土地利用状况）。Lowry 模型中生产部门、居民点、服务部门的空间位置相互作用，奠定了 LUTI 模型的思想框架，后续的模型发展均基于该思想框架展开。由 Lowry 模型可见，LUTI 模型是一个计算机模拟模型，需要借助计算机程序循环处理，实现对城市空间发展过程的模拟。Lowry 模型根据生产部门的位置，求解其他经济活动的空间位置，模型连续重复运行，直到处理结果趋于平衡，即两次处理结果变化很小为止。在实际的城市发展过程中，各经济活动的数量、规模及交通基础设施均处于发展过程中，在动态变化着，这也成为 LUTI 模型后续发展的重要内容。另外，Lowry 模型是静态模型，描述的是城市某一时刻的发展趋势，采用位移距离表征区位间的交通状况，并基于市场规律评价地块吸引力。上述几个方面成为学者扩展 LUTI 模型的主要关注点。之后，学者们对 Lowry 模型进行了大量的扩展应用，近年来欧美国家城市规划常用到的模型大多建立在 Lowry 模型的理论框架之上。

目前，业界对于 LUTI 模型的分类还没有统一的认识和标准。为了便于加深对 LUTI 模型的认识和理解，学者们从不同角度对 LUTI 模型进行了分类，并对其发展脉络进行了分析。Miller 等（1998）依据交通模型的发展过程将交通模型分为四类：①单一模式交通模型（T1），只模拟汽车出行；②多模式公共交通模型（T2）；③基于逻辑模型的交通模型（T3），可模拟不同时间段的交通流；④基于经济活动的微观交通流模型（T4）。依据土地利用模型的发展过程，将土地利用模型分为五类：①无土地利用模型阶段（L1）；②依据职业性质确定经济活动的区位（L2）；③非市场的土地分配模型（L3）；④基于市场价格的土地分配模型（L4）；⑤基于市场的经济模型（L5）。Miller 将上述土地利用模型和交通模型发展过程组成矩阵；之后，Wegener 又增加了一个土地利用模型（L6）（Wegener，2004），并将其与 Miller 的交通模型分类进行组合，形成新的矩阵，如表 3-10 所示。矩阵描述了 LUTI 模型的发展过程，其中，每个单元格代表一类土地利用模型和一类交通模型的组合；箭头方向指示 LUTI 模型功能逐渐增强。

表 3-10 土地利用—交通相互作用模型演化过程（Miller et al.，1998）

交通模型 / 土地利用模型	T1	T2	T3	T4
L1				
L2				
L3				
L4				
L5				
L6				

注：L6 是由 Wegener 提出的。

除此之外，人们较为熟知的 LUTI 模型分类方法如下。①根据模型变量的作用关系分为静态模型和动态模型（牛方曲等，2014；DSC/ME&P，1999）。静态模型表征的是在单一的时间点，在假定输入变量不变的情况下预测城市空间的演化趋势。早期的 LUTI 模型大多是静态模型，其中最经典的模型是 Lowry 模型（陈逸敏等，2010）。之后，很多学者提出了一系列静态模型，如 DSCMOD、MUSSA（DSC/ME&P，1999）等。在城市空间发展过程中，任何条件的改变所造成的影响，都会在一段时间之后体现，而在时间流逝过程中，很难保持各个要素条件不变，因此，静态模型模拟的结果是一种平衡的、理想化的结果，代表的只是当前趋势。相反，动态模型模拟的是一系列时间段，某个时间段的空间发展状态受前一个时间段变量的影响。换言之，将静态模型加时间轴，各输入变量随着时间不断变化。动态模型可进一步分为三类（DSC/ME&P，1999）：熵模型，是基于统计分析方法的模型系列，由 Alan Wilson 发起，如 LILT 模型（Mackett，1983）；空间经济模型，将经济模型进行集成并空间化，如 MEPLAN、TRANUS、METROSIM 模型；基于“活动”的模型，用于描述不同经济活动之间的相互作用过程，如 DELTA、URBANSIM、IRPUD 模型。②Pierluigi 等学者从模型的发展过程和实现方法出发将 LUTI 模型分为三代五类：第一代模型出现于 20 世纪 60 年代和 70 年代，包括空间相互作用模型、数学规划模型、投入产出模型；第二代模型为 20 世纪 70 年代至 90 年代出现的随机效用模型；第三代模型为 1990 年之后发展的微观模拟模型（Pierluigi et al.，2013）。③Chang 根据模型的数学结构将 LUTI 模型分为四大类：空间相互作用模型、数学编程模型、随机效用模型、竞标地租模型（Chang，2006）。④Waddell 根据模型的理论基础将 LUTI 模型进行了分类（Waddell et al.，2004）。

上述分类较为宏观地描述了 LUTI 模型的特征和发展脉络，有助于对 LUTI 模型的理解和使用，但是 LUTI 模型结构多样且复杂，很难将所有 LUTI 模型均纳入某个分类体系（Chang，2006）。为进一步探讨 LUTI 模型的实现，本节将讨论 LUTI 模型每个组成部分（子模型）的实现。

3. LUTI 模型的常用技术方法及建模原则

1）LUTI 模型的常用技术方法

LUTI 模型的技术方法指的是用于评估空间相互作用强度或评价区位模拟的数学方法，以下总结的关键数学原理描述了绝大多数 LUTI 模型的模拟机制。

（1）评估空间相互作用强度。

空间相互作用是 LUTI 模型的动力所在。LUTI 模型所关注的空间相互作用多为城市内部区块间的“流”，如物流、人流等，通常强调的是人流（出行）。LUTI 模型须采用不同的指标评估城市区块间的交通流，例如，根据人口和就业活动的空间分布及通行成本预测工作出行的交通流。常用的 LUTI 模型是重力模型，这源于空间相互作用的假设与牛顿万有引力的相似性。牛顿万有引力认为，物体之间的吸引力与两者的质量的乘积成正比，与两者距离的平方成反比。将牛顿万有引力公式引入地理学领域，将区域间流量（如通勤数量）看作区域间的相互作用力，将其中的质量变量替换为结构变量，如人口、GDP 等，这样就表征了区域产生流量的能力。使用重力模型，实际上包含重要的假设：区域间的流量大小与两点的规模变量成正比，与两点的距离平方成反比。但是，目前还没有理论可以证明区域间交通流与距离平方成反比，因此，在计算区域间相互作用强度时将分母改为距离的 n 次方更有意义，其中 n 的取值随需求变化，由此可以得到空间相互作用最基本的评价模型。该评价模型可以解释为，区域间交通流是两个区域的推力和引力所致，其大小受距离影响。

重力模型描述了区域间相互作用强度的相对分布，在实际应用中往往需要对相互作用的两端进行限制，即对已知信息妥协。例如，已知起点的居民数量和终点的就业岗位数量，这就需要对重力模型加以约束条件，形成约束重力模型（Thomas et al.，1980）。

此外，熵理论也被引入空间相互作用研究，用于求解系统达到某种状态的可能性。当数据不足时，需要利用已有的信息求解系统可能的状态，其中熵最大化是重要的求解方法。熵理论中包含两个重要的概念：宏观状态、微观状态。熵最大化求解过程基于微观状态求解最大可能的宏观状态，例如，已知城市的出行数量，求解两两区域间的 OD 流（Origin Destination，起终点间的交通出行量），可以采用交通总成本最小原则（Barra，1989）。与重力模型类似，熵模型也可以加以不同的约束条件进行变换。

（2）评价区位模拟。

上述关于空间相互作用的模型主要用于模拟 OD 流，其中，约束模型可用于模拟区位，例如，由居民数量预测出行空间分布。此外，区位模拟模型通常有离散选择模型、逻辑模型（Logit Model）。

离散选择模型通常被用于解释现象以实现决策支持。常用的离散选择模型有随机效用模型及其派生模型。随机效用模型建立在一系列假设基础之上：①决策者面临的是一组离散的相互独立的选择——选或不选某个选项；②决策者决策的原则是效用最大化；③决策者选择某个选项的可能性表征为概率；④每个决策的效用可以分为两部分，即可度量效用和随机效用，前者可基于所选的指标评价得出，后者指的是对评价结果有扰动作用的未知因素（Golledge et al.，1997）。另外，可以加入不同的权重实现模型的变化。

逻辑模型基于随机效用的假设实现对随机效用模型的派生。逻辑模型包括多项逻辑模型和嵌套逻辑模型。逻辑模型认为决策者选择 k 的概率取决于可选项的特征和决策者自身的特征（Government of Ireland，1995）。McFadden（1978）将 Weibull 分布函数应用于随机效用模型派生出了 Logit 模型，其目前被广泛使用。Logit 模型认为决策者在决策前会评估每个选项，而实际上，决策者由于对信息掌握得不完整，难以做到对城市众多选择逐一权衡，只是对某个子集进行了评估分析。此外，从结构上来说，Logit 模型不考虑空间选项之间的关联性，而实际上，各个空间选项往往相互关联。基于上述考虑，嵌套逻辑模型（Nested Logit Model）出现了，这里不予详述。

（3）地租理论。

LUTI 模型的另一项重要模拟技术是地租理论。地租理论由 Alonso 系统提出（Alonso，1964），与杜能的农业区位理论相似（Thunen et al.，1826）。地租理论基于一系列假设解释了城市活动的空间分布。地租理论的核心思想是各个区位的地租取决于其质量、利润、效用，而这些因素通常取决于该区位到城市中心的距离。尽管地租理论在城市空间演化模拟中得到了广泛的应用，但其理论基础有限。地租理论的效用函数通常难以实现，其效用函数强调经济因素（交通费用），而在实际中有很多非经济因素在起作用，如空气质量、安全性、舒适度等（Torrens，2000）。作为地租理论的变种，特征价格模型（Hedonic Price Model）进一步将房价分解为多个部分（如土地质量、房屋结构、卧室数量、房屋环境等），但获取详细的价格数据尤其是多年的价格数据比较困难。

2）LUTI 模型的构建原则

目前，关于 LUTI 模型的研究已经有大量的积累，建立了一系列的模型框架，并在此基础上开发了相应的通用工具软件。因此，人们可根据不同城市的特点选取合适的模型工具构建具体的应用模型。要建立具有自主产权的模拟软件，需要从底层模型层面构建新的模型，并基于此开发相应的模拟软件。模型的构建除了应具备理论上的深度、可操作性、实用性，还应考虑以下要求：

（1）模型能够反映土地利用与交通供给的相互作用关系，如土地利用变化对交通的影响、交通设施的变化对土地利用（经济活动分布）的影响；

（2）模型的输入应能反映规划人员的建议方案，包括土地利用、交通网络等方面的空间发展建议，从而实现对规划方案、政策的试验；

（3）模型的输出能够回答相关的政策问题，可用于实现可选方案的评估，如土地利用和交通政策的可持续性评估、社会经济影响评估、生态环境影响评估等；

（4）模型能够综合考虑当前城市空间的主要增长趋势及其对应的土地利用、交通政策评估措施，能够模拟评估城市区域的变化；

（5）模型可被现有数据很好地支持，以确保模型能够被很好地校准和验证。模型在得到应用之前，需要确定其在多大程度上可用于决策支持，需要利用现有数据进行检验。

（6）模型应能在合适的时间周期内给出答案，以利于政策分析。

不同国家或地区在构建 LUTI 模型时，除了要考虑模型的共性要求，还需要考虑各自特定的政治文化背景，并在模型中予以体现，要么作为运行的限制条件，要么作为输入参数，尽可能多地纳入影响因素，方能得出更为可靠的预测结果。

3）构建中国城市 LUTI 模型讨论

在全球化背景下，中国正经历着快速的城市化，城市空间发展既有本地内部的驱动力，也有外部乃至世界的影响，这增加了城市空间决策的复杂性。为实现城市的健康发展，亟须建立有效的政策检验工具，确保城市空间决策的科学性。为此，构建适宜于中国城市空间发展的 LUTI 模型，以实现对城市空间演化模拟，具有重要的现实意义。但是，定量模拟与系统分析在我国的城市研究领域还很有限，我国城市规划中的建模实践很少有城市级的综合模型。就概念上而言，我国城市的发展在时序上分为三个阶段的规划支持：分离的规划过程（土地利用规划与运输规划）、综合土地利用规划与运输规划、可持续发展规划（土地规划、交通运输和环境规划）。当前，我国城市规划建模实践仍停留在第一个阶段，离可持续发展规划建模阶段还有一段距离。

但是，中国有自己的历史文化、政治背景，有不同于发达国家的社会发展阶段，有自身的特殊之处，因此，国外的经验虽然可以借鉴，但必须与中国的实际相结合。中国城市 LUTI 模型的构建应考虑如下因素。①中国政治文化背景的特殊性，如行政区划的隔离、文化多样性等。其中，行政区划及文化多样性将是政策实施效果评价无法回避的影响因素，这也是中国城市空间政策实施不同于国外城市的重要一环。②社会经济发展阶段，虽然中国的市场经济体制日益完善，但城市空间发展过程中政府宏观的主导力量不可忽视，如人口的空间分布、基础设施建设等。③中国的户籍制度，人口的空间流动是 LUTI 模型的重要模拟内容，但中国的户籍制度将对人口流动和居住产生重要影响。另外，模型的校准是建模过程的必要步骤，为确保 LUTI 模型的模拟效果，应利用多年的历史数据对其进行校准，并根据误差调整参数，经过反复校准可以得到最优参数值。

4. LUTI 模型在城市空间演化模拟中的应用

1）LUTI 模型可辅助评估的问题

LUTI 模型的核心功能在于能够根据政策参数，预测未来城市空间发展趋势，可持续性评估就是在其预测结果的基础上展开的。基于 LUTI 模型的模拟结果，可解决下列可持续发展所涉及的关键问题。

（1）土地资源占用的定量评估。根据人口和各经济部门的空间分布，可进一步计算土地资源的占用情况。城市的扩张将侵占大量的耕地资源，并有可能产生严重的生态环境等问题，因此，科学地定量评估在不同城市空间政策下土地资源的占用情况，是决策者必须予以考虑的问题。

（2）能源的消耗。根据人口和经济部门的空间分布情况和交通流状况，可以模拟评估城市的燃气、汽油等能源消耗。随着城市化水平的不断提高和城市经济的快速发展，城市所消耗的能源将进一步增多。能源的消耗是可持续发展不可忽略的问题。

（3）废气、污染物的排放。经济的发展导致能源消耗的增多、土地资源的占用，随之而来的就是废气、污染物排放量的增加。污染物的排放将会危害生态环境，降低人们的生活质量。实施可持续发展必须减少污染物的排放，并持续加强对污染物排放的有效处理。

（4）经济状况评价。城市空间政策的实施必然会对经济发展造成影响，根据人口、经济部门的空间分布情况，可模拟评估交通状况、市场繁荣程度等经济状况。

（5）社会发展状况评价。社会发展状况是更深层的政策效应问题。在城市空间政策制定过程中，如何促进社会的健康发展是不可回避的问题。根据人口和各个经济部门的分布情况及交通状况，可以模拟评估就业情况、受教育状况、地区之间（居民）的联系情况、社会的公平性等。

如图 3-16 所示是利用 LUTI 模型进行政策检验的概念模型，其中“土地利用—交通相互作用模型”是框架的核心部分，也就是 LUTI 模型的具体实现部分，LUTI 模型的实现要能纳入空间政策参数。根据图 3-16，LUTI 模型输入的是城市空间发展现状和空间政策，输出的是未来土地利用状况，进而基于模型的输出评价城市发展的可持续性，从而实现对空间发展政策的检验。其中，空间政策可分为三大类：收费、投资建设、规章制度。

根据图 3-16，城市空间发展模拟与可持续性评估工作分三步：首先，对城市空间发展现状和发展战略进行情景分析，确定不同的空间发展战略的实施政策；其次，建立 LUTI 模型，描述在交通和土地利用相互作用下人口、经济部门等土地消费者的空间行为（包括出行、选址等），预测未来土地利用和交通状况（模型输出项）；最后，对输出结果进行评价，确定城市空间发展政策的可持续性。

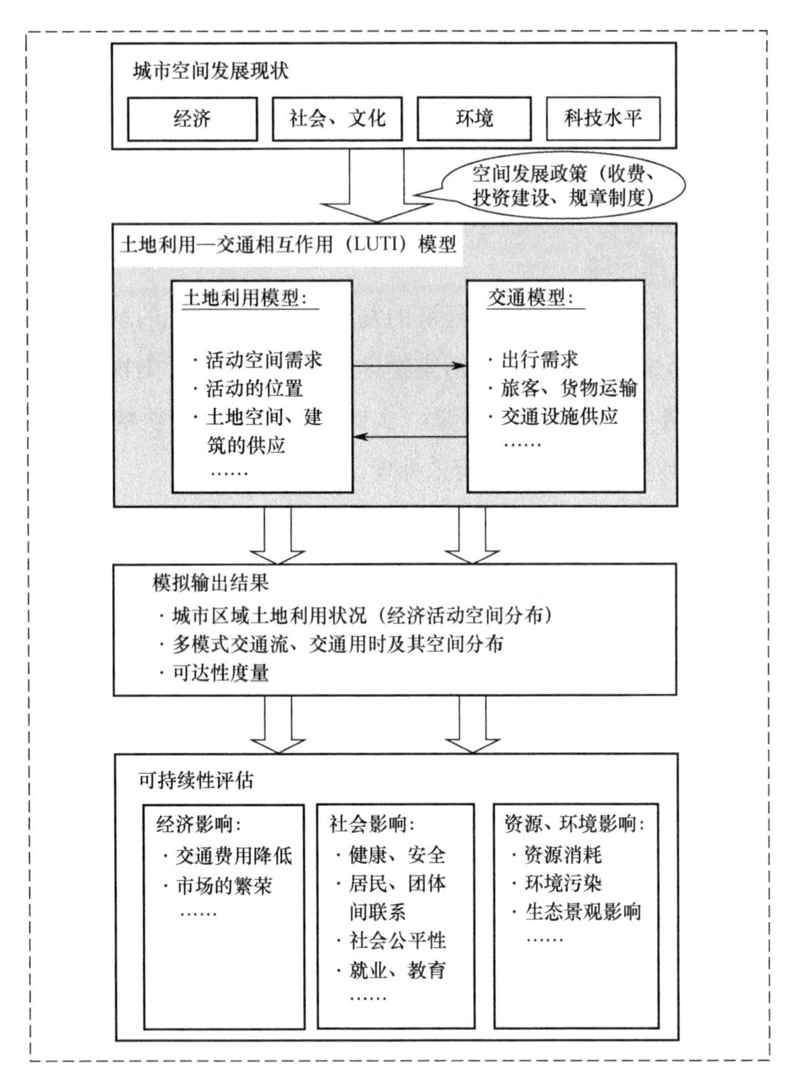

图 3-16　利用 LUTI 模型进行政策检验的概念模型

2）LUTI 模型在国外辅助城市空间决策中的应用

为了辅助空间决策，实现城市及区域的可持续发展，国外学者进行了大量的 LUTI 模型扩展应用研究，并借助计算机软件技术，建立了模拟应用系统，在实践中得到了良好应用效果，为城市空间政策的制定提供了良好的支撑。例如，为了阻止城市无限扩张，英国出台过一系列政策，包括在城市周围建立绿色隔离带，成功地限制了城市的蔓延、保护了农用地。但是，有限的土地供应导致了地价的上涨，致使城市居民居住空间相对于其他欧洲国家进一步缩小；房价的攀升也影响到一些企业的承受能力，使之竞争力下降；尤其是有些城市居民越过保护区来到乡村或小城镇生活，增大了其通勤距离，随之带来交通堵塞、废气排放和交通事故等问题。为解决上述问题、实现城市的可持续发展，决策人员面临三种发展战略选择：紧凑型战略、市场导向的自由扩张、有规划引导的城市扩张。为了选择更具可持续的发展战略，需要模拟预测选择各种发展战略的未来状况，评估其可持续性。为此，Echenique 等人利用 LUTI 模型以英国泰茵（Tyne）、剑桥（Cambridge）、伦敦（London）城市区域为例，设置了不同的情景，模拟评估了各发展战略的可持续性，得出城市形态并非决定性因素（Echenique et al.，2012；Gordon et al.，2011），紧凑型城市形态并非更具可持续性，并给出了实施可持续城市空间发展战略的建议。20 世纪 80 年代，英国交通部基于 MEPLAN 软件开发了 LASER（London and South East Region）模型（Willianms，1994；Echenique，1994），用于模拟英国伦敦地区及东南地区 1981 年和 1991 年的人口与就业岗位（Employments）的空间分布，以及不同交通模式、目的、线路的交通流，在此基础上进行城市发展的可持续性评估。LASER 模型是 LUTI 模型在可持续发展模拟分析中的典型应用案例。LASER 模型经过了长时间检验修正，到 2009 年发展了第三个版本（Echenique et al.，2012；Feldman et al.，2009），截至目前仍被英国政府用于模拟评估不同城市空间政策的效果，为英国伦敦地区及其周围地区空间政策的制定、实施及可持续发展起到了良好的支撑作用。Feldman 等人建立了奥克兰 LUTI 模型。Dobson 等建立了曼彻斯特地区 LUTI 模型（Dobson et al.，2009）。其他国家也拥有大量成功应用案例，澳大利亚应用的模型有 TOPZA、TRACKS、TRANSTEP、TOPMET，美国主要应用 IT-LUP 模型，荷兰的 AMERSFOORT 模型、日本的 CALUTAS 模型和 OSAKA 模型、德国的 IRPUD 模型、瑞典的 SASLOC 模型、委内瑞拉的 TRANUS 模型等，均在城市或区域规划中发挥了积极作用（Oryani et al.，1997；DSC/ME&P，1999）。

3）LUTI 模型在中国城市空间决策中的应用

早在 2000 年前后，国内学者就已经关注了 Lowry 模型，但主要限于对该模型的介绍和讨论。杨吾扬、王缉宪、周素红等通过对国外土地利用模型的回顾介绍了 Lowry 模型的概念和思想（杨吾扬等，1997；王缉宪，2001；周素红等，2005）。随之，有学者开始尝试对 Lowry 模型进行改进和应用研究。陈佩虹等人讨论了对 Lowry 模型形式的改进（陈佩虹等，2007）。梁进社等人基于 Lowry 模型对北京城市扩展进行了分析，得出北京城市发展的确表现出 Lowry 模型所考虑的因素（梁进社等，2005）。周彬学等借用 Lowry 模型理论中关于经济部门划分的相关概念框架研究城市空间结构，其研究思路是在探讨城市各要素之间（交通、区位、土地利用）的作用关系基础上，利用已知数据计算未知要素的空间分布，该研究对 Lowry 模型理论的概念有了初步应用，但不涉及未来城市发展趋势预测，因此 Lowry 模型的递归思想并未得到应用（周彬学等，2011，2013）。由此可见，国内虽然对 LUTI 模型有了关注，但相关研究仍停留在对早期 Lowry 模型的认识、梳理和理论探索阶段（周彬学等，2013），少数的应用研究限于对其概念框架的引用，而 LUTI 模型用于模拟城市乃至区域空间演化、预测发展趋势的核心功能未得到应用。

究其原因，可以归纳为以下四点：①国内城市研究，尤其是定量研究起步较晚，目前鲜有学者涉足 LUTI 模型研究；②国内研究以往注重宏观问题和定性分析，虽然目前定量模拟研究得到了越来越多的关注，但复杂的集成模拟研究仍较为薄弱；③LUTI 模型本质上是描述一个计算机模型的理论框架（Lowry，1964），其思想是利用计算机无限循环的处理功能模拟城市无限发展的过程，模型的开发除了需要具备城市发展的专业知识及经济学知识，还需要计算机程序开发相关技术，因而阻碍了 LUTI 模型的普及应用；④LUTI 模型的运行需要大量的、详尽的城市土地利用、交通数据，以及大量的数学处理，这限制了其推广使用。国内关于 LUTI 模型用于模拟城市空间演化过程的核心功能的开发应用尚比较薄弱，这也为相关研究提供了机遇。

5. LUTI 模型存在的不足及发展展望

1）LUTI 模型存在的不足

（1）理论层面。

城市空间演化过程模拟涉及诸多领域，是一项系统性的、复杂的任务，LUTI 模型随之产生，其目前仍被认为是城市长期规划最为有效的辅助工具。然而，相比近年来城市的发展速度，LUTI 模型理论发展较为滞后，目前模型的发展更多聚焦于需要面对的现实问题（Chang，2006），而不是理论所描述的城市土地利用与交通系统的作用关系。

首先，LUTI 模型赖以实现的假设或理论基础产生的年代较早（20 世纪 60 年代），那时的城市与目前的城市有很大的不同，因此相关理论关注的主要是空间相互作用，将区位作为城市土地利用、交通发展的主要动力。但除了区位，其他诸多因素同样存在重要影响。其次，目前 LUTI 模型主要采用聚合方式分析城市空间相互作用，而对城市个体之间的相互作用缺乏关注，缺乏从微观个体到宏观现象的多层次模拟（Wegener，2004）。再次，目前 LUTI 模型通常是静态模型或者准动态模型，即模型会收敛于平衡状态，而城市的发展通常被视为动态变化过程，各个因素不断变化，永远不会达到平衡状态，因此如何实现两者的进一步契合有待探索。就该问题而言，笔者认为利用 LUTI 模型进行短期预测误差较大，而进行长时间段的预测其结果更具参考意义，因为城市空间虽然达不到某个平衡状态，但应趋于某种可能的平衡状态。

源于上述理论层面的不足，目前 LUTI 模型的应用仍然限于回答一些传统问题，例如，土地利用规划或房地产开发会给土地利用系统和交通系统带来怎样的影响，交通网络变化如何影响城市社会经济活动空间分布，等等。

（2）应用层面。

就 LUTI 模型应用而言，其主要不足包括：①空间尺度较大，不利于模拟社会经济活动行为，在模拟社区尺度的空间政策效果方面显得乏力，一方面源于 LUTI 模型对数据要求较高，小粒度的数据获取难度较大，另一方面源于更小尺度的研究将使 LUTI 模型的运算量大幅增加；②交通模型主要采用的是传统的四阶段法思想，该思想在测试空间政策对人类行为影响方面难以胜任（Wegener，2004）；③现有模型对环境质量评价模型的集成能力较为薄弱，其中环境质量评价涉及空气质量、交通噪声、土地使用和生物环境，因而对可持续发展模拟分析的集成尚未予以关注；④目前的 LUTI 模型多依赖效用或利益最大化的思想模拟城市发展，即侧重经济学规律，而对目前城市空间呈现分形或极化的社会现象缺乏关注，对空间分异现象缺乏描述；⑤LUTI 模型的研究和应用主要存在于发达国家，而处于城市化过程的发展中国家鲜有应用。

目前，人们对何种模型的输出结果更好、更可靠还没有达成共识。本质上，LUTI 模型用于描述城市社会经济活动区位分布与交通系统的相互作用关系，因此，笔者认为模型的可靠性应从这一本质结构出发予以评价。

2）LUTI 模型的发展展望

本质上来说，LUTI 模型理论阐述的是城市土地利用与交通系统的相互作用关系，就目前 LUTI 模型的发展过程来看，从诞生至今其理论框架并未得到实质性改进。LUTI 模型的发展期待从理论、方法、应用等各方面进一步突破。

LUTI 模型有待向更微观层面拓展。笔者认为目前 LUTI 模型的实现多采用自上而下的实施方式，而城市活动实际上由各个微观个体组成，个体自发无序的运动表现出有规律的宏观现象，因此如何自下而上地从个体出发，在模拟个体行为的基础上表现城市发展规律有待突破。目前，基于 Agent 技术的模拟方式更有利于微观层面的模拟。Agent 技术通常与元胞自动机（CA）模型联合使用，研究逐渐由物理土地利用模拟转向对城市土地利用与交通系统相互作用关系的关注，这样基于 Agent 技术的 CA 模型与 LUTI 模型实际上逐渐趋同。目前，计算机技术的飞速发展为高分辨率模拟提供了有利的运算条件，硬件条件已具备，期待理论突破。

LUTI 模型侧重城市内部空间的变化，与宏观问题缺乏关联。首先，难以评价空间政策给城市宏观经济系统带来的影响。城市各方面的发展必然受区域宏观经济影响，因此如何实现与区域宏观经济的衔接有待深化。这也有助于 LUTI 模型进一步在发展中国家推广应用。其次，目前 LUTI 模型对于空间公平性和社会群体的空间聚集、排斥性，以及由此产生的社会问题研究显得薄弱。城市空间结构将决定其空间公平性，如教育、医疗、环境等各方面的公平性，将社会经济活动的空间分布与公平性评价相结合，进一步进行理论扩展具有重要的现实意义。另外，在可持续发展成为又一个关注点的背景下，如何进一步集成可持续发展模拟分析功能是 LUTI 模型发展面临的新任务，因此在应用层面需要加强环境乃至生态问题评价。

在操作层面，现存的 LUTI 模型的应用较为复杂，对用户的专业知识和计算机知识都提出了很高的要求。为便于 LUTI 模型的普及应用，模型的开发需要考虑通用性、可操作性、数据需求、模型校验、稳定性等问题。过于复杂的模型不易操作，同时会存在校验、稳定性等方面的问题，以及数据整备方面的麻烦，因此，构建 LUTI 模型既要考虑理论、方法，还需要在模型的功能和可操作性间找到平衡点。另外，目前 GIS 等可视化技术迅速发展，在 LUTI 模型中集成可视化技术，可以方便更多的用户参与到城市空间演化模拟当中。

就 LUTI 模型在中国的拓展应用而言，在城镇化背景下中国城市发展期待科学合理的土地利用、交通系统一体化政策。将 LUTI 模型理论引入中国，开展城市土地利用、交通系统集成模拟研究，为决策提供辅助是学者们必须面对的课题。就自然结构而言，LUTI 模型阐述的是城市土地利用与交通系统相互作用这一本质，从这个层面来说 LUTI 模型理论在中国城市的应用不存在特殊性。不同的是，对于不同的城市，LUTI 模型除了功能选择上不同，其参数设置和校准也会存在差异。但是，LUTI 模型的核心代码和模型内核的具体实现一般不是开源的，中国学者应发挥后发优势，直面发展所面临的挑战，以推进 LUTI 模型理论发展。开展 LUTI 模型应用研究也将进一步丰富和发展国内城市研究的理论与方法。

3.3 本章小结

学界对于城市空间投入长期关注，也积累了大量的研究方法，其通常被称作城市模型，或者被称作城市空间模拟方法。但就功能上而言，各城市模型之间存在很大的差别。根据功能不同，笔者将城市模型分为城市分析模型和城市模拟模型两大类。城市分析模型通常用于协助研究人员认识城市空间发展规律、特征、影响因素、影响机制，了解或描述城市各影响要素的相互作用关系。城市分析模型通常为具体的数学模型，例如，回归分析模型（包括线性回归模型、非线性回归模型）可帮助我们认识城市发展的影响因素及其作用规律，复杂网络分析方法可帮助我们认识城市交通特征。城市分析模型基于历史数据开展分析，而城市模拟模型对城市空间发展过程进行拟合，是对事物发展过程的抽象表达，其主要作用是拟合城市发展过程并预测城市发展趋势。城市模拟模型的实现首先需要对城市发展过程有充分的认识和理解，并对其进行抽象表达，即建立概念模型，然后落实为数学实现。城市模拟过程通常包括多个数学模型，而且可以采用不同的数学模型实现。例如，Lowry 模型（Lowry，1964）的实质是对城市空间演化过程的抽象描述，将该过程描述成循环运转的过程，该过程适合采用计算机递归算法加以拟合，这为利用计算机技术模拟城市空间演化过程奠定了基础。但是，Lowry 模型的具体实现涉及诸多数学公式，模型中各个模块的实现可采用的数学公式并不唯一，后人对其进行了不断改进。

城市分析模型让我们认识城市空间发展规律，是对城市空间发展规律的实证与归纳，这是进行城市空间发展模拟的前提。城市模拟模型是对城市系统发展规律的抽象和演绎。随着定量研究在国内的发展，实证分析研究不断完善，这为进一步实现城市空间决策提供了支持，因此开展城市空间发展模拟研究不容回避。实证分析与模拟预测研究相结合，将使城市空间演化研究趋于完善。

参 考 文 献

[1] Ahlfeldt G M, Feddersen A. From periphery to core: Measuring agglomeration effects using high-speed rail[J]. Journal of Economic Geography, 2017, 18(2): 355-390.

[2] Ahmed M, Mario C, Ismail S, et al. Coupling agent-based, cellular automata and logistic regression into a hybrid urban expansion model (HUEM)[J]. Land Use Policy, 2017, 69: 529-540.

[3] Albalate D, Bel G. High-speed rail: Lessons for policy makers from experiences abroad[J]. Public Administration Review, 2012, 72(3): 336-349.

[4] Albert R, Jeong H, Barabási A-L. Error and attack tolerance of complex networks[J]. Nature, 2000, 406: 378-382.

[5] Aljoufie M. Toward integrated land use and transport planning in fast-growing cities: The case of Jeddah, Saudi Arabia[J]. Habitat International, 2014, (41): 205-215.

[6] Alonso W. Location and land use[M]. Cambridge, MA: Harvard University Press, 1964.

[7] Amaral S, Monteiro A M, Câmara G, et al. DMSP/OLS night-time light imagery for urban population estimates in the Brazilian Amazon[J]. International Journal of Remote Sensing, 2006, 27(5): 855-870.

[8] Bagler G. Analysis of the airport network of India as a complex weighted network[J]. Physica A: Statal Mechanics its Applications, 2008, 387: 2972-2980.

[9] Banister D, Berechman Y. Transport investment and the promotion of economic growth[J]. Journal of Transport Geography, 2001, 9 (3): 209-218.

[10] Barra T D L. Integrated land use and transport modelling: Decision chains and hierarchies[M]. Cambridge: Cambridge University Press, 1989.

[11] Barthélemy M. Spatial networks[J]. Physics Reports, 2011, 499: 1-101.

[12] Batty M, Vargas C, Smith D, et al. SIMULACRA: Fast land-use-transportation models for the rapid assessment of urban futures[J]. Environment and Planning B, 2013, 40: 987-1002.

[13] Batty M. Fifty years of urban modelling: Macro statics to micro dynamics[J]. In: Albeverio S, Andrey D, Giordano P, et al. Dynamics of Complex Urban Systems: An Interdisciplinary Approach. Heidelberg: Physica A, 2008, 1-20.

[14] Batty, Xie Y. From cells to cities[J]. Environment and Planning, B: Planning and Design, 1994, 21(1): 31-48.

[15] Baum-Snow N, Brandt L, Henderson J V, et al. Roads, railroads and decentralization of Chinese cities[J]. Review of Economics Stats, 2017, 99(3): 435-448.

[16] Beck T, Levine R, Levkov A. Big bad banks? The winners and losers from bank deregulation

in the United States[J]. The Journal of Finance, 2010, 65(5): 1637-1667.

[17] Brandi A, Gori S, Nigro M, et al. Development of an integrated transport-land use model for the activities relocation in urban areas[J]. Transportation Research Procedia, 2014, 3: 374-383.

[18] Campos J, Rus Gd. Some stylized facts about high-speed rail: A review of HSR experiences around the world[J]. Transport Policy, 2009, 16(1): 19-28.

[19] Cecchini A. Urban modelling by means of cellular automata: Generalized urban automata with the help online (AUGH) model[J]. Environment and Planning B Planning and Design, 1996, 23(6):721-732.

[20] Chang J S. Models of the relationship between transport and land-use: A review[J]. Transport Reviews, 2006, 26(3): 325-350.

[21] Chang Z, Murakami J. Transferring land use rights with transportation infrastructure extensions: Evidence on spatiotemporal price formation in Shanghai [J]. Journal of Transport and Land Use, 2019, 12 (1): 1-19.

[22] Chen Y, Wang J, Jin F. Robustness of China's air transport network from 1975 to 2017[J]. Physica A: Statistical Mechanics its Applications, 2020, 539: 122876.

[23] Chen J, Gong P, He C, et al. Assessment of the urban development plan of Beijing by using a CA-based urban growth model[J]. Photogrammetric Engineering and Remote Sensing, 2002, 68(10): 1063-1071.

[24] Clarke K C, Gaydos L J, Hoppen S. A self-modified cellular automaton model of historical urbanization in the San Francisco Bay area[J]. Environment and Planning, B: Planning and Design, 1997, 24(2): 247-261.

[25] Clarke K, Gaydos L. Loose-coupling a cellular automaton model and GIS：Long-term urban growth prediction for San Francisco and Washington/Baltimore[J]. International Journal of Geographical Information Science, 1998, 12(7): 699-714.

[26] Converse P D. New laws of retail gravitation[J]. Journal of Marketing, 1949, (14): 379-384.

[27] Coppola P, Ibeas A, dell Olio L, et al. LUTI model for the metropolitan area of Santander[J]. Urban Planning and Development, 2013, 139(3): 153-165.

[28] Couclelis H. Cellular worlds: A framework for modeling micro-macro dynamics[J]. Environment & Planning A, 1985, 17(5): 585-596.

[29] Couclelis H. Macrostructure and micro-behaviour in a metropolitan area[J]. Environment & Planning B, 1989(16): 151-154.

[30] Crespo A, Garcia-Molina H. Modeling Archival Repositories for Digital Libraries[C]// Proceedings of the 4th European Conference on Research and Advanced Technology for

Digital Libraries. Springer-Verlag, 2000.

[31] Deadman P J, Brown R D, Gimblett H R. Modelling rural residential settlement patterns with cellular automata[J]. Journal of Environmental Management, 1993(37): 147-160.

[32] Diao M. Does growth follow the rail? The potential impact of high-speed rail on the economic geography of China[J]. Transportation Research Part A Policy Practice, 2018, (113): 279-290.

[33] Dobson A, Richmond E, Simmonds D. Design and use of the new greater manchester land-use/transport interaction model (GM-SPM2)[C]. Netherlands: European Transport Conference, 2009: 411-426.

[34] Dorogovtsev S N, Mendes J F F. The Shortest Path to Complex Networks[J]. Physics, 2004, 71: 47-53.

[35] DSC/ME&P. Review of land-use/transport interaction models[R]. Reports to the Standing Advisory Committee on Trunk Road Assessment, 12-13, 1999.

[36] Duan Y, Lu F. Structural robustness of city road networks based on community[J]. Computers Environment Urban Systems, 2013, 41: 75-87.

[37] Echenique M H, Flowerdew A D, Hunt J D, et al. The MEPLAN models of Bilbao, Leeds and Dortmund[J]. Transport Review, 1990, 10(4): 309-322.

[38] Echenique M. Urban and regional studies at the Martin centre: Its origins, its present, its future[J]. Environment and Planning B: Planning and design, 1994, 21(5): 517-533.

[39] Echenique M, Anthony J Hargreaves, Gordon Mitchell, et al. Growing cities sustainably[J]. Journal of the American Planning As-sociation, 2012, 78(2): 121-137.

[40] Elvidge C D, Baugh K E, Kihn E A, et al. Mapping city lights with nighttime data from the DMSP operational line-scan system[J]. Remote Sensing, 1997, 63(6): 727-734.

[41] Elvidge C D, Baugh K E, Kihn E A, et al. Relation between satellite observed visible-near infrared emissions, population, economic activity and electric power consumption[J]. International Journal of Remote Sensing, 1997, 18(6): 1373-1379.

[42] Elvidge C D, Ziskin D, Baugh K, et al. A fifteen-year record of global natural gas flaring derived from satellite data[J]. Energies, 2009, 2(3): 595-622.

[43] Feldman O, Davis J, Richmond E, et al. An integrated system of transport and land-use models for Auckland and its application[C]. Auckland: Australasian Transport Research Forum, 2009: 1-5.

[44] Feng F, Lei W. Robustness Measure of China's Railway Network Topology Using Relative Entropy[J]. Discrete Dynamics in Nature Society, 2013.

[45] Ghosh T, L Powell R, D Elvidge C, et al. Shedding light on the global distribution of

economic activity[J]. The Open Geography Journal, 2010, 3(1): 147-160.

[46] Givoni M. Development and impact of the modern high-speed train: A review[J]. Transport Reviews, 2006, 26(5): 593-611.

[47] Golledge R, Stimson R J. Spatial behavior: A geographic perspective[M]. New York: The Guilford Press, 1997.

[48] Gonzalez-Navarro M, Turner M A. Subways and urban growth: Evidence from earth[J]. Journal of Urban Economics, 2018, 108: 85-106.

[49] Gordon Mitchell, Anthony Hargreaves, Anil Namdeo, et al. Land use, transport, and carbon futures: The impact of spatial form strategies in three UK urban regions[J]. Environment and Planning A, 2011, 43: 2143-2163.

[50] Government of Ireland. Dublin transportation initiative technical volume I: Transport modelling in phase 2[M]. Dublin: Stationary Office, 1995.

[51] Guidotti R, Gardoni P, Chen Y. Network reliability analysis with link and nodal weights and auxiliary nodes[J]. Structural Safety, 2017, 65: 12-26.

[52] Hagerstrand T. Innovation diffusion as a spatial process[M]. Chicago: University of Chicago Press, 1967.

[53] Hansen W G. How accessibility shapes land use[J]. Journal of the American Institute of Planners, 1959, 25: 73-76.

[54] Iacono M, Levinson D, El-Geneidy A. Models of transportation and land use change: A guide to the territory[J]. Working Papers, 2011, 22(4): 323-340.

[55] Holme P, Kim B J, Yoon C N, et al.. Attack vulnerability of complex networks[J]. Physical Review E, 2002, 65: 056109.

[56] Horowitz A J. Lowry-type land use models//Hensher D A, Button K J, Haynes K E, et al. Handbook of Transport Geography and Spatial Systems: Handbooks in Transport, Volume 5. Oxford: Elsevier Science, 2004, 167-183.

[57] Hossain M, Alam S, Rees T, et al. Australian airport network robustness analysis: A complex network approach[C]//Australasian Transport Research Forum (ATRF), 36th, 2013.

[58] Hu X, Huang J, Shi F. Circuity in China's high-speed-rail network[J]. Journal of Transport Geography, 2019, 80: 1-13.

[59] Jeswani R, Kulshrestha A, Gupta P K, et al. Evaluation of the consistency of DMSP/OLS and SNPP/VIIRS night-time light datasets[J]. Journal of Geomatics, 2019, 13(1): 98-105.

[60] Kasthurirathna D, Piraveenan M, Thedchanamoorthy G. Network robustness and topological characteristics in scale-free networks[C]//Evolving & Adaptive Intelligent Systems. IEEE, 2013.

[61] Landis, J. CUF, CUF II and CURBA: A family of spatially explicit urban growth and land-use policy simulation models[J]. Planning support systems-Integrating geographic information systems, models and visualization tools, 2001: 157-200.

[62] Li W, Cai X. Statistical analysis of airport network of China[J]. Physical Review E, 2004, 69: 046106.

[63] Li X, Liu X P. An extended cellular automation using case-based reasoning for simulating urban development in a large complex region[J]. International Journal of Geographical Information Science, 2006, 20(10): 1109-1136.

[64] Li X, Yeh A G O. Neural-network-based cellular automata for simulating multiple land use changes using GIS[J]. International Journal of Geographical Information Science, 2002, 16(4): 323-343.

[65] Li X, Yeh A G O. Data mining of cellular automata's transition rules[J]. International Journal of Geographical Information Science, 2004, 18(8): 723-744.

[66] Lin Y. Travel costs and urban specialization patterns: Evidence from China's high-speed railway system[J]. Journal of Urban Economics, 2017, 98: 98-123.

[67] Liu J G, Wang Z T, Dang Y Z. Optimization of scale-free network for random failures[J]. Modern Physics Letters B, 2006.

[68] Liu J, Yang H. China fights against statistical corruption[J]. Science, 2009, 325(5941): 675-676.

[69] Lowry I S. A model of metropolis RM-4035-RC[M]. Santa Monica CA: Rand Corp, 1964.

[70] Lu F, Liu K, Duan Y, et al. 2018. Modeling the heterogeneous traffic correlations in urban road systems using traffic-enhanced community detection approach[J]. Physica A: Statistical Mechanics and its Applications, 501: 227-237.

[71] Lv Q, Liu H, Wang J, et al. Multiscale analysis on spatiotemporal dynamics of energy consumption CO_2 emissions in China: Utilizing the integrated of DMSP/OLS and NPP/VIIRS nighttime light datasets[J]. Science of The Total Environment, 2020, 703: 134394.

[72] Mackett R L. The leeds integrated land-use transport model (LILT)[C]. Crowthorne: Supplementary Report, TRRL, 1983: 805-816.

[73] McFadden, D. Modelling the choice of residential location. In: Karlquist A. et al.Spatial Interaction Theory and Residential Location. Amsterdam: North Holland, 1978, 75-96.

[74] Miller E J, Kriger D S, Hunt J D, Badoe D A. Integrated urban models for simulation of transit and land-use policies. Final Report, TCRP Project H-12. Joint Program of Transportation, University of Toronto, Toronto, 1998.

[75] Murray A T, Grubesic T H. Critical Infrastructure: Reliability and Vulnerability[J]. 2007.

[76]Newman M E J. The structure and function of complex networks[J]. SIAM Review, 2003, 45: 167-256.

[77] Niu Fangqu, Wang Fang, Chen Mingxing. Modelling urban spatial impacts of land-use/ transport policies[J]. Journal of Geographical Sciences, 2019, 29(2): 197-212.

[78] Oryani Kazem, U R S Greiner, Britton Harris. Review of land use models: Theory and application[C]. Sixth TRB Conference on the Application of Transportation Planning Methods, 1997: 80-91.

[79] Peng P, Yang Y, Cheng S, et al. Hub-and-spoke structure: Characterizing the global crude oil transport network with mass vessel trajectories[J]. Energy, 2019, 168: 966-974.

[80] Phipps M J. From local to global: The lesson of cellular Automata[M]. New York: Routledge, Chapman and Hall, 1992.

[81] Pierluigi C, Angel Ibeans I, Luigi D O, & Ruben C. LUTI Model for the Metropolitan Area of Santander. Urban Planning and Development, 2013, 139(3): 153-165.

[82] Pol P M. The economic impact of the high-speed train on urban regions[C]//ERSA conference papcrs. Europcan Rcgional Science Association, 2003.

[83] Qin Y. 'No county left behind?' The distributional impact of high-speed rail upgrades in China [J]. Journal of Economic Geography, 2016,17(3): 489-520.

[84] Reilly, W J. Methods for the Study of Retail Relationships[M]. Texas: Bureau of Business Research, 1959.

[85] Sallan J M, Lordan O, Simo P, et al. Robustness of the air transport network[J]. Transportation research, Part E. Logistics transportation review, 2014, 68: 155-163.

[86] Sen P, Dasgupta S, Chatterjee A, et al. Small-world properties of the Indian railway network [J]. Physical Review E, 2003, 67: 036106.

[87] Shao S, Tian Z, Yang L. High speed rail and urban service industry agglomeration: Evidence from China's Yangtze River Delta region[J]. Journal of Transport Geography, 2017, 64: 174-183.

[88] Simmonds D, Feldman O. Alternative approaches to spatial modelling[J]. Research in Transportation Economics, 2011, 31(1): 2-11.

[89] Stanislaw I, Krzysztof M. Utilization of cellular automata for analysis of the efficiency of urban freight transport measures based on loading/unloading bays example[J]. Transportation Research Procedia, 2017, 25:1021-1035.

[90] Thomas R M, Huggett R J. Modelling in geography: A mathematical approach[M]. Totowa, N J: Barnes & Noble Books,1980.

[91] Thunen V, Heinrich J. The isolated state [M]. Hamburg: Perthes, 1826.

[92] Tobler W R. A computer movie simulating urban growth in the Detroit region[J]. Economic geography, 1970, 46(sup1): 234-240.

[93] Torrens P M. How land-use transportation models work[M]. Centre for Advanced Spatial Analysis, London, 2000.

[94] Ureña J M, Menerault P, Garmendia M. The high-speed rail challenge for big intermediate cities: A national, regional and local perspective[J]. Cities, 2009, 26(5): 266-279.

[95] Waddell P, Ulfarsson G F. Introduction to urban simulation: Design and development of operational models[J]. Handbook in transport, Volume 5: Transport geography and spatial systems, B. Stopher and H. Kingsley, eds., Pergamon Press, Oxford, 2004, 203-236.

[96] Wang Fahui. Urban population distribution with various road networks: A simulation approach. Environment and Planning B: Urban Analytics and City Science, 1998, 20: 265-278.

[97] Wang J, Jin F. China's Air Passenger Transport: An Analysis of Recent Trends[J]. Eurasian Geography and Economics, 2020, 48: 469-480.

[98] Wang J, Mo H, Wang F. Evolution of air transport network of China 1930–2012[J]. Journal of Transport Geography, 2014, 40.

[99] Wegener M. Overview of Land-use transport models[M]. Chapter 9 in David A. Hensher and Kenneth Button (Eds.): Transport Geography and Spatial Systems. Handbook 5 of the Handbook in Transport. Pergamon/Elsevier Science, Kidlington, UK, 2004, 127-146.

[100] White R, Engelen G. Cellular automata and fractal urban form: A cellular modelling approach to the evolution of urban land-use patterns[J]. Environment & Planning A, 1993, 25(8):1175-1199.

[101] White R, Engelen G, Uljee I. The use of constrained cellular automata for high-resolution modeling of urban land-use dynamics[J]. Environment and Planning B, 1997, 24: 323-344.

[102] Willianms I N. A model of London and the South East[J]. Environment and Planning B, 1994, 21(5): 535-554.

[103] Wolfram S. Cellular automata as models of complexity[J]. Nature, 1984, 311: 419-424.

[104] Wu F. Calibration of stochastic cellular automata: the application to rural-urban land conversions[J]. International Journal of Geographical Information Science, 2002, 16(8): 795-818.

[105] Wu F L, Webster C J. Simulating artificial cities in a GIS environment: Urban growth under alternative regulation regimes[J]. International Journal of Geographical Information Science, 2000, 14(7): 625-648.

[106] Wu F L. SimLand: A prototype to simulate land conversion through the integrated GIS and CA with AHP-derived transition rules[J]. International Journal of Geographical Information Science, 1998, 12(1): 63-82.

[107] Wu F, Webster C J. Simulation of land development through the integration of cellular automata and multicriteria evaluation[J]. Environment and Planning B, 1998, 25: 103-126.

[108] Zhang J, Cao X B, Du W B, et al. Evolution of Chinese airport network[J]. Physica A Statistical Mechanics Its Applications, 2010, 389: 3922-3931.

[109] Zhao J, Ji G, Yue Y, et al. Spatio-temporal dynamics of urban residential CO_2 emissions and their driving forces in China using the integrated two nighttime light datasets[J]. Applied energy, 2019, 235: 612-624.

[110] Zheng L, Long F, Chang Z, et al. Ghost town or city of hope? The spatial spillover effects of high-speed railway stations in China[J]. Transport Policy, 2019, (81): 230-241.

[111] Zheng S, Kahn M E. China's bullet trains facilitate market integration and mitigate the cost of megacity growth. Proc Natl Acad Sci USA, 2013,110(14): E1248-1253.

[112] Zipf G K. The PIP2/D Hypothesis: On the intercity movement of persons[J]. American Sociological Review, 1946, (12): 677-686.

[113] Zondag B, De Bok M, Geurs K T, et al. Accessibility modeling and evaluation: The TIGRIS XL land-use and transport interaction model for the Netherlands[J]. Computers, Environment and Urban Systems, 2015, 49: 115-125.

[114] 曹雪. 基于 CA 的深圳市城市土地利用变化模拟及预警研究[D]. 南京：南京大学，2010.

[115] 曹子阳，吴志峰，匡耀求，等. DMSP/OLS 夜间灯光影像中国区域的校正及应用[J]. 地球信息科学学报，2015，17（09）：1092-1102.

[116] 晁怡，李清泉，陈顺清. 基于多主体系统的区位建模[J]. 武汉大学学报（信息科学版），2007（7）：646-649.

[117] 陈干，闾国年，王红. 城市模型的发展及其存在的问题[J]. 经济地理，2000，20（5）：59-62.

[118] 陈佩虹，王稼琼. 交通与土地利用模型：劳瑞模型的理论基础及改进形式[J]. 生产力研究，2007（14）：77-80.

[119] 陈述彭. 城市化与城市地理系统[M]. 北京：科学出版社，1999.

[120] 陈顺清. 城市增长与土地增值的综合理论研究[J]. 地球信息科学，1999（01）：12-18.

[121] 陈逸敏，黎夏. 机器学习在城市空间演化模拟中的应用与新趋势[J]. 武汉大学学报（信息科学版），2020，45（12）：1884-1889.

[122] 陈逸敏，李少英，黎夏，等. 基于 MCE-CA 的东莞市紧凑城市形态模拟[J]. 中山大

学学报，2010，49（6）：110-114.

[123] 崔学刚，方创琳，张蕾. 山东半岛城市群高速交通优势度与土地利用效率的空间关系[J]. 地理学报，2018，73（6）：1149-1161.

[124] 戴尔阜，马良，杨微石，等. 土地系统多主体模型的理论与应用[J]. 地理学报，2019，74（11）：2260-2272.

[125] 韩玲玲，何政伟，唐菊兴，等. 基于CA的城市增长与土地增值动态模拟方法探讨[J]. 地理与地理信息科学，2003（02）：32-35.

[126] 何大韧. 复杂系统与复杂网络[M]. 北京：高等教育出版社，2009.

[127] 何天祥，黄琳雅. 高铁网络对湖南区域经济协同发展影响[J]. 地理科学，2020，40（09）：1439-1449.

[128] 胡焕庸. 中国人口之分布——附统计表与密度图[J]. 地理学报，1935（02）：33-74.

[129] 黄春芳，韩清. 高铁线路对城市经济活动存在“集聚阴影”吗？——来自京沪高铁周边城市夜间灯光的证据[J]. 上海经济研究，2019（11）：46-58.

[130] 江永超. 基于复杂网络理论的铁路网可靠性研究[D]. 成都：西南交通大学，2011.

[131] 焦敬娟，王姣娥，金凤君，等. 高速铁路对城市网络结构的影响研究——基于铁路客运班列分析[J]. 地理学报，2016，71（2）：265-280.

[132] 柯新利，边馥苓. 基于C5.0决策树算法的元胞自动机土地利用变化模拟模型[J]. 长江流域资源与环境，2010，19（04）：403-408.

[133] 雷永霞，钱晓东 2015. 高速铁路客运专线运输网络的鲁棒性分析[J]. 兰州交通大学学报，34：75-80.

[134] 黎夏，刘小平. 基于案例推理的元胞自动机及大区域城市演变模拟[J]. 地理学报，2007（10）：1097-1109.

[135] 黎夏. 地理模拟系统：元胞自动机与多智能体[M]. 北京：科学出版社，2007.

[136] 李少英，黎夏，刘小平，等. 基于多智能体的就业与居住空间演化多情景模拟——快速工业化区域研究[J]. 地理学报，2013，68（10）：1389-1400.

[137] 李小敏，郑新奇，袁涛. DMSO/OLS夜间灯光数据研究成果知识图谱分析[J]. 地球信息科学学报，2018，20（3）：351-359.

[138] 梁进社，楚波. 北京的城市扩展和空间依存发展：基于劳瑞模型的分析[J]. 城市规划，2005（6）：9-14.

[139] 刘小宇，盛萍，马晓凤，等. 城市高密集人群区域机动车污染物时空分布及健康影响[J]. 交通信息与安全，2018，36（1）：119-128.

[140] 刘勇政，李岩. 中国的高速铁路建设与城市经济增长[J]. 金融研究，2017，11：18-33.

[141] 龙瀛，金晓斌，李苗裔，等. 利用约束性CA重建历史时期耕地空间格局——以江苏省为例[J]. 地理研究，2014，33（12）：2239-2250.

[142] 罗平，杜清运，何素芳. 人口密度模型与 CA 集成的城市化时空模拟实验[J]. 测绘科学，2003（04）：18-21，2.

[143] 牛方曲，刘卫东，宋涛. LUTI 模型原理、实现及应用综述[J]. 人文地理，2014，138（4）：31-35，118.

[144] 牛方曲，辛钟龄. 中国高铁站的溢出效应及其空间分异——基于夜间灯光数据的实证分析[J]. 地理研究，2021，40（10）：2796-2807.

[145] 邱文平，李保杰，赵炫炫，等. 基于 GIS 的徐州市养老机构布局优化研究[J]. 测绘与空间地理信息，2019，42（08）：54-58.

[146] 沈体雁，张红霞，李迅，等. GIS 与 ABM 集成的房地产开发模拟研究[J]. 北京大学学报（自然科学版），2009，45（4）：653-662.

[147]施震凯，邵军，浦正宁. 交通基础设施改善与生产率增长：来自铁路大提速的证据[J]. 世界经济，2018，41（6）：127-151.

[148] 孙晓璇，吴晔，冯鑫，等. 高铁—普铁的实证双层网络结构与鲁棒性分析[J]. 电子科技大学学报，2019，048：315-320.

[149] 孙战利. 空间复杂性与地理元胞自动机模拟研究[J]. 地球信息科学，1999（02）：32-37.

[150] 田达睿. 复杂性科学在城镇空间研究中的应用综述与展望[J]. 城市发展研究，2019，26（4）：25-30.

[151] 王缉宪. 国外城市土地利用与交通一体规划的方法与实践[J]. 国外城市规划，2001（1）：5-9.

[152] 王姣娥，景悦. 中国城市网络等级结构特征及组织模式——基于铁路和航空流的比较[J]. 地理学报，2017，72（08）：1508-1519.

[153] 王雨飞，倪鹏飞. 高速铁路影响下的经济增长溢出与区域空间优化[J]. 中国工业经济，2016（2）：21-36.

[154] 王振华，李萌萌，江金启. 交通可达性提升对城市经济增长的影响——基于 283 个城市 DMSP/OLS 夜间卫星灯光数据的空间计量分析[J]. 中国经济问题，2020，（5）.

[155] 徐凤，朱金福，苗建军. 基于复杂网络的空铁复合网络的鲁棒性研究[J]. 复杂系统与复杂性科学，2015，12.

[156]徐康宁，陈丰龙，刘修岩. 中国经济增长的真实性：基于全球夜间灯光数据的检验[J]. 经济研究，2015，50（9）：17-29，57.

[157] 杨俊，解鹏，席建超，等. 基于元胞自动机模型的土地利用变化模拟——以大连经济技术开发区为例[J]. 地理学报，2015，70（03）：461-475.

[158] 杨俊，张永恒，葛全胜，等. 基于 GA-MCE 算法的不规则邻域 CA 土地利用模拟[J]. 地理研究，2016，35（7）：1288-1300.

[159] 杨吾扬，梁进社. 高等经济地理学[M]. 北京：北京大学出版社，1997，379-387.

[160] 俞孔坚，游鸿，许立言，等. 北京市住宅用地开发压力与城市扩张预景——基于阻力面的分析[J]. 地理研究，2012，31（7）：1173-1184.

[161] 俞路，赵佳敏. 京沪高铁对沿线城市地区间溢出效应的研究——基于 2005—2013 年地级市面板数据[J]. 世界地理研究，2019，28（1）：47-57.

[162] 张俊. 高铁建设与县域经济发展——基于卫星灯光数据的研究[J]. 经济学（季刊），2017，16（04）：1533-1562.

[163] 张亦汉，黎夏，刘小平，等. 耦合遥感观测和元胞自动机的城市扩张模拟[J]. 遥感学报，2013，17（04）：872-886.

[164] 周彬学，戴特奇，梁进社，等. 基于 Lowry 模型的北京市城市空间结构模拟[J]. 地理学报，2013，68（4）：491-505.

[165] 周彬学，戴特奇，梁进社，等. 基于遗传算法的非线性 Lowry 模型模拟研究[J]. 北京大学学报（自然科学版），2011，47（6）：1097-1104.

[166] 周成虎，孙战利，谢一春. 地理元胞自动机研究[M]. 北京：科学出版社，1999，78-79.

[167] 周嵩山，李红波. 元胞自动机（CA）模型在土地利用领域的研究综述[J]. 地理信息世界，2012，10（5）：6-10，13.

[168] 周素红，闫小培. 西方交通需求与土地利用关系相关模型[J]. 城市交通，2005，3（3）：64-68.

[169] 周漩，张凤鸣，周卫平，等. 利用节点效率评估复杂网络功能鲁棒性[J]. 物理学报，2012，19：1-7.

[170] 周一星，陈彦光. 城市与城市地理[M]. 北京：人民教育出版社，2003.

第4章

基于“活动”的LUTI模型——ActSim模型

本书着重阐述城市土地利用—交通相互作用（LUTI）模型的原理、架构与应用。前面的章节已经对 LUTI 模型的原理和架构进行了阐述，本章及后续章节将介绍模型的构建过程。所构建模型用于模拟城市各类活动空间分布格局，称作 ActSim（Activity Distribution Simulation）模型。本章将给出 ActSim 模型的架构，后续章节将逐个阐述 ActSim 模型各模块的具体实现。ActSim 模型采用基于“活动”的技术进行构建。基于“活动”的建模思想是针对各类“活动”分别评价区位特征（牛方曲等，2015，2017；赵鹏军等，2020）。这里的“活动”指的是城市各类社会经济活动，这些“活动”需要“空间”（场所），一般是以面积计量的室内空间（Simmonds et al.，2011）。基于“活动”的建模技术首先要求对城市各类活动进行科学分类，同类活动具有类似的区位分布特征，进而模拟各类活动的空间格局。

ActSim 模型用于模拟城市活动分布格局，因此需要对城市空间进行单元划分，每个空间单元内部被认为是均质的，不再对其进行区分。空间单元也可称为区块，其大小取决于应用需求。

4.1 城市活动分类

首先人们应明晰 ActSim 模型谈及的“活动”的内涵。一个城市的经济活动按照其服务对象的不同可分为两类：城市基本活动和城市非基本活动。为其他城市提供服务或产品以创收的活动是城市得以存在和发展的经济基础，是城市基本活动；旨在满足城市内部日常生产、生活需求的活动是城市非基本活动，该活动又可以细分为满足基本生产所派生的活动，以及满足本市居民正常生活需求的活动。

从经济活动的部门分工角度来看，全部经济活动可分为第一产业、第二产业和第三产业。三次产业分类法最初是由英国经济学家费希尔教授创立的。三次产业分类法以人类社会经济发展过程中产业依次发展的层次顺序，以及其与自然界的亲疏关系作为产业分类的标准，是对各种经济活动的基础性划分（谢勇等，2008）。第一产业，是人类社会处于初级阶段的产业，主要对自然界中存在的劳动对象进行收集和初步加工，如种植业、畜牧业、林业、渔业等。第二产业，是对初级产品进行再加工的产业，主要包括制造业和建筑业。第三产业，是除农业、制造业和建筑业外的其他产业，是非物质生产部门，是社会生产过程中为生产和消费服务的部门（肖玲，2019）。在此基础上，英国经济学家、统计学家科林克拉克对三次产业分类法进行了完善。他提出了产业划分的三个标准：一是产业与消费者的远近程度，由远及近分别为第一产业、第二产业、第三产业；二是产品是否有形，第一产业、第二产业有形，第三产业无形；三是生产和消费过程是否分离，可分离的是第一产业或第二产业，不可分离的是第三产业（朱传耿等，2001）。

从经济活动的功能及其相互联系视角来看，经济活动可分为主导产业、关联产业、基础性产业、支柱产业和潜导产业，这种分类就是产业功能分类法。主导产业是在区域经济增长中起组织和带动作用的产业（李小建，1999），是区域的主要专门化部门和地区经济发展的核心，决定着区域在地域分工体系中的地位和作用（陈才，2001）。关联产业是与主导产业具有密切产业和技术联系的、起到协作配套作用的产业活动，根据关联产业与主导产业间的联系类型，其可分为后向关联产业（上游产业）、前向关联产业（下游产业）和侧向关联产业。基础性产业在区域经济中起到基础保障功能，包括维持社会经济正常运转的各项基础设施和基础工业建设，按照活动性质其进一步分为生产性基础产业、生活性基础产业和社会性基础产业（李小建，1999）。支柱产业区别于主导产业，是指某座城市内占据比重高、对经济增长贡献最突出的产业，是当前地区财富的主要创造者。潜导产业是极具发展潜力、代表未来产业演进方向的产业。

除此之外，经济活动常用的分类方法还包括：基于要素集约度，经济活动可划分为劳动密集型产业、资源密集型产业、资本密集型产业和技术密集型产业；基于经济地域系统，经济活动可划分为农业生产地域系统、工业生产地域系统和商业活动地域系统。

在微观层面，企业根据区位特征可分为单厂（部门）企业、多厂（部门）企业和跨国公司等类型。单厂（部门）企业指管理人员和生产人员集中在一起，企业在空间上是单一区位，没有分厂、分店或分公司。随着企业的不断发展，为了获取规模效益和技术优势，以及实现交易内部化，其经营范围和生产规模不断扩大，单厂（部门）企业逐渐从单一地区向跨地区方向发展，多厂（部门）企业就是在两个及以上区域拥有生产或服务设施的企业。跨国公司是在两个及以上国家拥有经济实体，并从事生产、销售和其他经营活动的国际性大型企业，由实际控股的母公司和实际从事生产经营的众多子公司构成（肖玲，2019）。

本书着重阐述的 LUTI 模型，其作用是预测城市各类活动区位，因此，城市活动分类的原则是同类“活动”有类似的区位特征。为了便于阐述 LUTI 模型的构建过程，本节根据活动场所初步将城市活动分为家庭和企业两大类。家庭是城市居民生活、起居的地方；企业是居民从事各类经济活动的场所或基本单元（肖玲，2019），包括公司、医院、学校、研究机构等所有可以提供就业岗位的工作单位。

企业的选址决定了经济活动区位，因此，预测城市人口及其经济活动分布可以归为预测家庭和企业的分布，城市活动可以进一步细分。

家庭结构可以反映特定时期居民的居住方式、家庭关系和家庭功能，不同的家庭结构影响其区位需求、居住偏好。中国人口普查对家庭户的定义为：以家庭成员关系为主，居住一处共同生活的人口，作为一个家庭户（国务院人口普查办公室，2012）。家庭结构的研究视角大致有三类。第一，家庭类型结构，以共同生活的血缘和姻缘关系为基础，以不同代际成员的婚姻状况为分类依据，分为核心家庭（单一婚姻家庭单位：夫妇一代核心家庭、标准二代核心家庭、残缺核心家庭等）、直系家庭（每代直系成员只有一个婚姻单位，并且共同生活者中至少有两个婚姻单位：二代直系家庭、三代直系家庭等）、复合家庭（共同生活成员中一代有两个及以上婚姻单位）、单人家庭和残缺家庭。第二，依据家庭规模，家庭类型结构分为一人户、二人户、三人户、四人户等。第三，依据家庭代数，家庭类型结构分为一代户、二代户、三代户、四代及以上户（王跃生，2021）。考虑到数据的可获取性，本节基于 2010 年全国第六次人口普查数据，将北京的家庭类型结构分为一代户、二代户、三代户、四代及以上户。代际家庭数据可以直接换算得到家庭规模情况（例如，某城市区块内有 10 万户一代户家庭，根据一代户家庭平均人口结构，可以折算出一代户总人口数量）。

按照企业日常从事的经济活动内容、数据的结构特点，企业可分为教育类、办公类、研究类、零售类、其他服务业、其他类共六类，不同企业因其市场或服务对象的不同具有差异化的区位选择偏好。经济活动在各企业中完成，虽然经济活动规模可以采用从事活动的人员数量直观表征，例如，医疗类活动规模可以采用看病人数计量，零售类活动可以采用客户数量计量，但更易操作的是采用各类企业的就业人员数量，也就是采用就业规模评价经济活动规模，例如，医疗类的就业人员数量可以表征医疗活动规模。本书将采用“就业（Employment）”表征经济活动规模，如此可以将预测各类经济活动分布转化为预测各类就业人员分布。

4.2 城市社会经济活动规模预测

城市活动始终处于波动的动态演进过程中，为预测各类活动的空间分布格局，需要确定其总量、模拟活动的演替发展进程。对家庭而言，使用家庭总量作为家庭规模的表征。在城市发展过程中，家庭结构会发生很大变化，直接导致家庭数量、消费模式和区位需求的变化，从而对社会经济活动分布格局产生深刻的影响。家庭变迁过程涉及各类家庭之间的相互演变，如单身家庭变为两口之家，两口之家可能变为三口之家或两个单身家庭等，需要建立家庭变迁模型模拟这一过程，家庭变迁模型的复杂度取决于家庭类型数量。在实际应用中常见的家庭变迁模型是根据以往家庭规模的变化规律来预测的，该模型所用的方法是时间外推法。

经济活动是在企业完成的，ActSim 模型采用企业规模计算经济活动规模，即采用企业的就业人员数量而非企业数量，这样可以将企业规模对经济活动预测的影响纳入模型中。企业规模变化主要表现为各类企业就业人员总数量的增减，可根据其历史变化规律，结合相关政策确定经济活动变化趋势。需要说明的是，ActSim 模型中企业规模指的是某类行业的就业人员总数量，用于表征经济活动规模，例如，城市的教育业规模为 100 万人，而不是讨论某家具体的企业，因为某家具体的企业的区位和就业人员数量可能并没有变化。

4.3 城市家庭和企业（经济活动）区位影响因素

ActSim 模型用于预测城市家庭和企业的分布格局，即确定城市家庭和企业的区位。因此，首先需要确定城市家庭和企业的区位影响因素。

区位影响因素是指影响区位主体（人类活动）分布在特定区位客体（场所）的原因（张文忠，2000）。并不是所有影响因素都对区位主体的场所选择起决定性作用，只有极少数关键的影响因素才起决定性作用，这些影响因素称为区位因子。区位因子最早由韦伯在《工业区位论》中提出，以韦伯为代表的学者以成本最低为基本目标，主要关注土地价格、运费、劳动力等成本因子（韦伯，2010）。以廖什为代表的利润最大化学派从需求因子出发，关注收入因子，寻找纯利润最大的区位作为最佳区位（廖什，2010）。在现代区位论中，影响区位主体的区位环境与条件错综复杂，区位因子的类型多种多样。

通过对居民的住房区位选择过程进行研究，学者提出其影响因子分为客观条件和主观因素两个维度。客观条件有房价、住房区位的交通可达性、环境条件；主观因素有居民自身的社会、经济、文化特征，以及对不同住房区位的偏好等（张文忠，2001；牛方曲等，2018）。企业的区位选择受到多种因素的影响，整个过程是生产要素价格竞争与制度环境、产业发展基础、空间可达性、区位条件、国土空间布局政策等相互平衡的结果（李迎君，2016）。其中，生产要素作为企业成本与市场需求的综合反映，是企业区位选择的核心要素与重要考察变量，而土地在生产要素中占据着核心地位，因此，在模型中使用土地租金作为企业的区位成本代理变量。

这些结论停留在大量前提假设基础上，然而在现实生活中，影响居民、企业区位选择的因素有很多（Alonso，1964），难以穷尽。ActSim模型主要考虑其中的主要影响因素。城市家庭、企业的区位选择影响因素主要包括房屋供给、交通可达性、区位成本、环境质量、人口素质等（牛方曲等，2018），这些影响因素的变动将影响家庭或企业的分布格局。

4.3.1 房屋供给

政府通过控制城市房屋空间分布格局及用途，控制城市社会经济活动的分布格局。住房是城市家庭的居住场所，住房分布是影响城市家庭分布的重要因素，城市各区块只有拥有住房，才可能有居民分布。城市住房开发是政府调控城市家庭人口分布格局的重要手段，因此，预测城市家庭人口分布需要确定城市住房的分布格局。同样地，商用房（企业用房）为经济活动提供了场所。商用房开发是政府调控企业（经济活动）分布格局的重要手段，因此预测企业分布需要首先确定商用房分布格局。

城市房屋空间分布格局取决于存量分布、拆迁、新开发三个方面。存量面积加之新开发面积，再减去拆迁面积，即新的房屋面积。其中，拆迁面积通常较小，尤其是在城郊开发建设中。因此，预测城市房屋空间分布格局的主要工作是预测各个区块的新开发面积。城市新开发房屋是由政策和开发商相互博弈的结果，开发商为攫取最大利润制定开发目标，但又受政府规划限制。因此，预测新开发面积需要综合考虑开发商和政府行为，详见后续章节关于城市土地利用开发模拟预测部分。

4.3.2 交通可达性

交通便捷度是影响城市家庭和企业区位选择的重要因素。表征交通便捷度的指标通常称为交通可达性。基于“活动”的 LUTI 模型要求针对不同的“活动”分别评价交通可达性。

对于家庭而言，某区块的交通可达性应反映从该家庭出发从事各类经济活动的交通便捷度（牛方曲等，2016）。例如，若将城市经济活动分为就业、教育、医疗、消费，对应的交通可达性评价结果为就业可达性、教育可达性、医疗可达性、消费可达性。而各类家庭由于成员结构不同，对各类可达性有所侧重，例如，两口之家侧重于就业可达性高的地区，而有学龄儿童的家庭会选择教育可达性高的位置，等等。因此，需要根据家庭成员结构对各类可达性进行综合，评价各类家庭交通可达性。

对于企业而言，作为出行的终点，需要考虑其被到达的便捷度，因此本书提出主动可达性和被动可达性的概念。主动可达性对于出行的起点而言，是从某点出发从事各类经济活动的便捷度。上述关于家庭的各类可达性均为主动可达性。被动可达性表征某地作为终点被到达的便捷度。企业选址受各类被动可达性的影响，其考量的是被特定机会到达的便捷度，因此被动可达性同样分“活动”进行评价。例如，教育类企业选址，考虑的是其被学龄人口到达的便捷度，其关注的是学龄人口的分布；医疗机构选址会重点考虑老年人的空间分布。

关于交通可达性评价详见后续章节。

4.3.3 区位成本（房租）

区位成本指的是家庭或企业选择某一区位居住或办公的经济成本，主要取决于房价（或房租），在数据可支持的情况下可考虑其他费用，如物业、水、电等费用。

对于家庭而言，通常一个家庭会将其收入分配于住房和其他消费，以寻求效用最大化（Alonso，1964；赵鹏军等，2020）。不同收入的家庭将其收入分配在不同消费项目上的比例（或倾向性）会有所不同。当收入分配一定时，同样的居住成本对应的居住面积会随着房租增长而减小，因此，由于房租不同，不同地块的消费效用也会不同。可采用 Cobb-Douglas 方程计算每个区块的消费效用（Cobb et al.，1928）。

对于企业而言，企业通常以赢利为目的，主要关注的是房租等绝对成本。

关于区位成本计算详见后续章节。

4.3.4 其他影响因素

除上述影响因素外，城市家庭或企业区位还受其他多种因素影响，包括环境质量、人口素质、宗教文化等。其中，环境质量包括空气质量、绿地面积、噪声污染等，是家庭区位选择的重要考量因素；人口素质是影响家庭或企业区位选择的又一个因素，通常与人口受教育程度紧密联系；宗教文化背景也会影响家庭或企业的区位选择。在数据可获取的前提下，各影响因素均可纳为区位评价指标。家庭和企业区位选择的影响因素虽然类似，但各影响因素对家庭和企业的影响程度有所不同。因此，在预测家庭或企业的区位选择时，对影响因素的考量会有不同的侧重。

影响因素的选择也确定了城市区位的评价指标，各影响因素需要对应的子模型进行评价，这决定了 ActSim 模型的组成。

4.4 ActSim 模型组成

ActSim 模型假设所有城市活动均趋向效用更高的区位。ActSim 模型基于上述区位选择的影响因素综合评价城市区位效用，预测城市家庭和企业的分布格局。ActSim 模型包括交通模型、区位模型两大子模型。其中，交通模型根据城市交通成本及城市社会经济活动分布现状评价城市交通可达性；区位模型根据房屋分布、区位成本和环境质量等指标，以及交通可达性计算结果预测城市家庭和企业的分布格局。ActSim 模型的组成如图 4-1 所示。

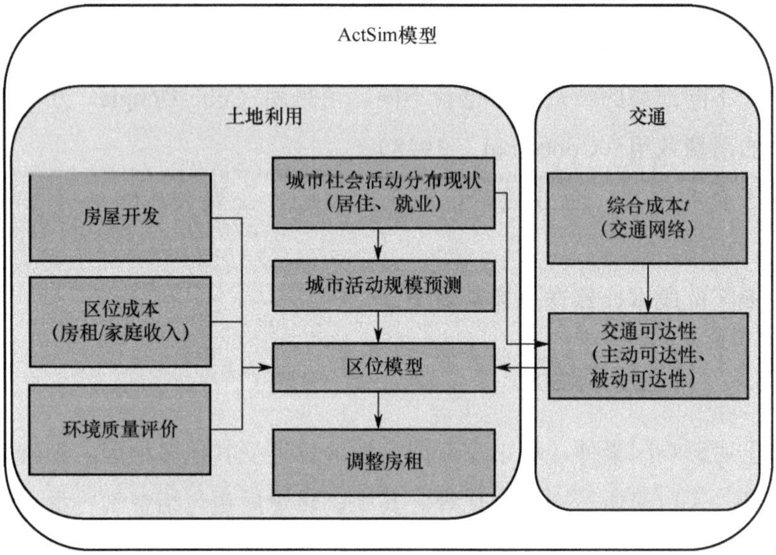

图 4-1　ActSim 模型的组成

ActSim 模型的输入是城市活动分布现状，包括居住人口和企业（就业）分布、房租、房屋分布、交通网络；输出是居住人口和企业分布格局。交通模型计算城市交通可达性，作为区位模型的输入，用于预测家庭和企业的区位。

上述各模块将在第 5～8 章详细阐述。第 5 章详述城市房屋供给，即房屋建设开发预测模型，也就是城市土地利用格局预测；第 6 章详述城市区位成本评价方法，包括家庭和企业区位成本评价；第 7 章阐明城市交通可达性评价方法，包括主动可达性（Origin Accessibility，OA）与被动可达性（Destination Accessibility，DA）评价方法；第 8 章具体阐明区位模型的实现，区位模型是对上述所有子模型的综合，确定城市家庭和企业（经济活动）的区位。本书第 5～8 章联系紧密，详细阐述了 ActSim 模型各个模块的具体实现，是本书的重点内容。

4.5 本章小结

本书致力于建立基于“活动”的LUTI模型，称作ActSim模型，其用于模拟城市活动空间分布。本章着重阐明ActSim模型的组成，后续章节将逐个阐述各子模块的具体实现。ActSim模型分类预测城市活动的规模及分布格局。ActSim模型的组成包括城市活动规模预测模块、房屋开发预测模块（土地利用）、区位成本评价模块、区位模拟模块（区位模型）、交通可达性评价（含交通成本评价）模块。此外，由于城市家庭人口和企业的空间分布发生变化后，将导致房租发生变化，而房租将被再次用于预测家庭和企业的空间分布格局，因此，ActSim模型算法内部嵌有房租模型，用于模拟计算房租。

城市活动规模预测模块用于确定各类家庭和企业的总规模；房屋开发预测模块用于预测住房和商用房（或更细分类）的供给，确定其分布格局，也就是城市土地利用；区位成本评价模块用于确定各类家庭或企业选择某一区位的经济成本；区位模型用于确定各类家庭或企业的区位，即空间分布格局；环境质量评价模块用于评价各区块的环境质量，包括自然环境和人文环境；交通可达性评价模块用于评价城市各区块的家庭或企业可达性，表征其交通优势度。各个模块也称作各个子模型。各个子模型的启用可以视情况而定。例如，关于家庭规模预测，可以采用模型模拟各类家庭的相互变迁过程，也可以直接设置其增长速度；关于环境质量评价，可以采用模型综合评价自然环境及人文环境，或者直接采用环境指标，如$PM_{2.5}$浓度或绿地面积比例。ActSim模型的具体实现取决于应用需求和数据可获得性。

参考文献

[1] Alonso W. Location and land use: Toward a general theory of land rent[J]. Economic Geography, 1964, 42(3): 11-26.

[2] Cobb C W, Douglas P H. A Theory of Production[J]. American Economic Review, 1928, 18 (Supplement): 139-165.

[3] Simmonds D, Feldman O. Alternative approaches to spatial modelling[J]. Research in

Transportation Economics, 2011, 31(1): 2-11.
[4] 陈才. 区域经济地理学[M]. 北京：科学出版社，2001.
[5] 国务院人口普查办公室. 中国 2010 年人口普查资料[M]. 北京：中国统计出版社，2012，798-799.
[6] 李小建. 经济地理学[M]. 北京：高等教育出版社，1999.
[7] 李迎君. 生产要素成本、企业区位选择与产业空间分布关系探讨[J]. 商业经济研究，2016（20）：108-110.
[8] 廖什. 经济空间秩序[M]. 王受礼，译. 北京：商务印书馆，2010.
[9] 牛方曲，刘卫东，冯建喜. 基于家庭区位需求的城市住房价格模拟分析[J]. 地理学报，2016，71（10）：1731-1740.
[10] 牛方曲，王芳. 城市土地利用—交通集成模型的构建与应用[J]. 地理学报，2018，73（2）：380-392.
[11] 牛方曲，王志强，胡月，等. 基于经济社会活动视角的城市空间演化过程模型[J]. 地理科学进展，2015，34（1）：30-37.
[12] 牛方曲. LUTI 模型的概念结构、实现方法及发展趋势[J]. 地理科学，2017，37（1）：46-55.
[13] 王跃生. 百年来中国家庭结构研究的回顾与展望[J]. 杭州师范大学学报（社会科学版），2021，43（5）：79-88.
[14] 韦伯. 工业区位论[M]. 李刚剑，等译. 北京：商务印书馆，2010.
[15] 肖玲. 经济地理学[M]. 北京：科学出版社，2019.
[16] 谢勇，柳华. 产业经济学[M]. 武汉：华中科技大学出版社，2008.
[17] 张文忠. 城市居民住宅区位选择的因子分析[J]. 地理科学进展，2001（03）：267-274.
[18] 张文忠. 经济区位论[M]. 北京：科学出版社，2000.
[19] 赵鹏军，万婕. 城市交通与土地利用一体化模型的理论基础与发展趋势[J]. 地理科学，2020，40（1）：12-21.
[20] 朱传耿，沈山，仇方道. 区域经济学[M]. 北京：中国社会科学出版社，2001.

第5章

城市房屋开发模拟预测

城市是居民从事社会经济活动的地方，而城市建筑空间为居民提供了从事社会经济活动的场所。政府通过控制城市建筑的空间分布格局及用途，管控城市居民社会经济活动的分布格局。但是，城市土地利用开发是由开发商完成的，因此，政府可以通过控制开发商的行为间接控制居民居住空间分布。基于此，城市土地利用的开发预测就是预测开发商的行为。城市建筑可根据其用途不同细分为多种类型，大致可以分为居住用房（住房）和企业用房（商用房）。本章以住房开发为例阐述房屋开发分布模拟预测方法；商用房开发分布模拟预测情景类似，可以采用同样的方法。

5.1 城市住房开发模拟

城市住房开发是开发商与政府博弈的结果，即市场和规划政策共同作用的结果。开发商追求市场利益最大化，但同时受政策限制（牛方曲等，2020）。

通常，政府在出让土地时，对建筑开发面积上限及类型会有明确的规定，例如，限定最大住房或商用房开发面积，称其为“开发许可条件”（Permissible Development，PD）。开发商会根据开发许可条件，并参考近些年的利润进行决策，在许可范围内获取最大的利润。据此，本章构建了住房开发模型（Floorspace Development Model，FDM），通过模拟开发商的行为预测城市住房开发分布。住房开发模型同时考虑市场和政府的规划政策两个方面的作用，分四个步骤预测城市住房分布格局。

首先，预测在无限制条件下城市住房开发总面积（Unconstrained Development Area），即非限制住房开发总面积 $F(U)$，即不考虑政府开发许可条件的限制，开发商为追求最大利润可能开发的住房总规模。

其次，确定可开发（允许开发）总面积（Constrained Development Area），即约束开发总面积 $F(C)$。根据政府开发许可条件，对第一步预测的城市住房开发总面积进行修正，使城市住房开发总规模满足政府开发许可条件。

再次，确定城市住房开发空间分布格局。根据城市内各个区块的利润率及各个区块的政府开发许可条件，确定各个区块的住房开发面积，但总量不能超过城市住房开发总面积。

最后，更新各个区块的住房总量，确定城市住房分布格局。每个区块新开发的城市住房面积加上原有住房面积，可得到该区块新的住房总面积。另外，新建成的住房必然导致房租变化，因此需要进一步预测房租变化，以及引起家庭人口分布的联动变化。家庭人口分布格局预测可结合土地利用—交通相互作用模型实现。各步骤的具体实现详述如下。

5.1.1 非限制住房开发总面积预测

假设影响开发商决策的首要因素是利润，开发商决策同时会参考现有住房分布格局及近几年的利润情况。表征利润的变量有房租（或房价）、拆迁费用、建设成本等。在完善的市场条件下，房租是各因素的综合体现，也是最为关键的因素。通常，某区块房租的增长表征该位置住房需求上涨，因此会导致下一时间段内住房开发面积的进一步增加。若将 t 年份作为基本年份，则下一个时间段 p 内非限制住房开发总面积 $F(U)_p$ 的预测函数的基本形式如式（5-1）所示。其中，t 表示当前年份，侧重的是某个时间点；p 指的是 t+1 年的这一整年，强调的是时间段。

$$F(U)_p = \alpha_p F_t \prod_{v} \left(\prod_{y=0}^{N} (v_{(t-y)})^{\beta} \right) \tag{5-1}$$

式中，α_p 为比例因子，F_t 为 t 年末城市住房总规模；$v_{(t-y)}$ 为变量 v 在 $t-y$ 年的值，如房租、拆迁费用等；β 为变量的指数参数，是各变量的调整参数；y 为滞后时间，即影响开发商决策的年限，取值为 0～N，例如，N=3 表明开发商在决策时会考虑前 3 年的情况。

5.1.2 约束开发面积

开发商在政策限制下的开发面积称作约束开发面积 $F(C)$。为确定约束开发面积 $F(C)$，须将非限制开发面积 $F(U)$与许可开发面积相比较。设 $F(P)_{pi}$ 为在 p 时段内区块 i 的许可开发面积，则所有区块的许可开发面积之和为全市许可开发总面积 $F(P)_p$，即

$$F(P)_p = \sum_i F(P)_{pi} \tag{5-2}$$

如果非限制开发总面积 $F(U)_p$ 没有超过全市许可开发总面积 $F(P)_p$，即

$$F(U)_p \leqslant F(P)_p \tag{5-3}$$

则政策限制并不会对非限制开发总面积造成影响，约束开发总面积等于非限制开发总面积，即

$$F(C)_p = F(U)_p \tag{5-4}$$

如果非限制开发总面积 $F(U)_p$ 超过了许可开发总面积 $F(P)_p$，即

$$F(U)_p > F(P)_p \tag{5-5}$$

则政策限制会影响房地产开发商的决策，那么在许可条件的约束下，约束开发总面积 $F(C)_p$ 等于许可开发总面积，即

$$F(C)_p = F(P)_p \tag{5-6}$$

5.1.3 开发面积空间分布——确定每个区块的开发面积

在预测全市开发总面积（约束开发面积）后，需要进一步确定房屋开发的空间分布格局，即将全市开发总面积分配到每个区块中，确定每个区块的开发面积。将全市开发总面积分配到每个区块中需要综合考虑各区块的利润率及政策许可开发面积。本节假定开发商倾向于利润较高的区块，并且实际开发面积与许可开发面积成一定比例，参考离散选择模型（McFadden，1978），建立模型预测 i 区块在 p 时段的新开发面积 $F(N)_{pi}$，即

$$F(N)_{pi} = F(C)_p \frac{F(P)_{pi}\exp(\gamma_p r_{ti})}{\sum_i [F(P)_{pi}\exp(\gamma_p r_{ti})]} \tag{5-7}$$

式中，$F(C)_p$ 为 p 时段约束开发总面积；$F(P)_{pi}$ 为 i 区块的许可开发面积；r_{ti} 为 t 年份 i 区块的房租，表征 i 区块的利润；γ_p 为房产开发对利润（这里用房租代表）的敏感因子。当 γ_p 的值较大时，开发面积的空间配置倾向于利润较高的区块；当 γ_p 的值较小时，说明住房开发对于利润并不敏感，开发面积的区间配置会由于未知因素被分配到利润较低的区块。

至此，本节初步确定了各区块的开发面积。由于各区块有各自的政策限制，因此，住房开发模型需要检测各区块的开发面积 $F(N)_{pi}$ 是否符合该区块的政策许可，即式（5-8）是否成立。

$$F(N)_{pi} \leqslant F(P)_{pi} \tag{5-8}$$

若式（5-8）不成立，即分配到区块 i 的开发面积超过政策许可范围，超出部分将被减掉；然后将每个区块的超出部分累加起来，再次通过式（5-7）进行分配。某区块的许可开发面积指标使用完后，就不会继续给该区块分配开发面积。该过程是一个迭代过程，直到所有区块的开发面积都满足式（5-8）。

5.1.4 更新建筑总量、调整房租

经过上一步处理，每个区块的新开发面积得以确定。各区块原有住房面积加上新开发住房面积即住房总面积。开发许可条件（PD）代表了政策情景，因此，住房开发模型可用于预测在不同土地利用政策限制下城市住房空间分布格局。

总面积的变化将影响房租。假定每个区块房租的变化不低于整个城市的最小房租，新的房租可根据供求关系进行模拟，即

$$r_i^{t+1} = \max\left\{ r(\min)^t, r_i^t \left[\frac{a_i H_i}{F(A)_i} \right] \right\} \tag{5-9}$$

式中，r_i^{t+1} 为区块 i 的新房租；r_i^t 为区块 i 前一时间段的房租；$r(\min)^t$ 为前一时间段全市的最低房租；a_i 为区块 i 当前的居住密度，采用“户均面积”表示；H_i 为区块 i 的家庭户数；$F(A)_i$ 为当前可用住房总面积。在式（5-9）

中，分子表征了区块 i 内家庭的住房需求，分母表征了住房供给，在新的住房得以开发之前，分子与分母相同。

考虑到区块内的家庭户数（H_i）会发生变化，即住房需求会发生变化，因此，为了更准确地预测房租的变化，需要先预测家庭户数的变化。家庭户数预测可利用土地利用—交通相互作用（LUTI）模型实现，因此，住房开发模型可与 LUTI 模型结合，预测未来家庭人口房屋分布的变化。新的房租可用于进一步预测未来的住房开发。重复上述各个步骤，实现对未来各年份住房分布格局的模拟，详见第 8 章区位模拟的相关内容。

城市住房分布是影响家庭人口分布的重要因素，因此作为研究计划的一部分，住房开发模型的构建为进一步模拟家庭人口分布奠定了重要基础。

5.2 案例应用：北京住房空间分布模拟

本节以北京为例阐述住房开发模型的应用。北京作为我国的首都和典型的特大城市，人口迅速膨胀、建设用地不断向外扩张，根据京津冀协同发展战略要求和现代城市体系建设的需求，北京将对城市部分经济活动和居住人口进行疏解，城市空间面临巨大变革，因此本节选择北京作为案例地区，利用住房开发模型模拟在特定土地利用情景下城市住房空间分布。

5.2.1 数据

北京人口和经济活动高度集中在中心城区和近郊区，因此本节以六环路以内的区域，以及与六环路交叠的区域作为研究区域，以街道（乡镇）为研究单元，这样研究区域共包含 239 个街道或乡镇，下文称其为区块。所需数据包括政策许可文件（表征土地利用政策）、现有建筑分布及房租（暂不考虑拆迁费用等因素）。

本书收集了 2009—2013 年北京市的土地交易数据（北京国土资源局，2014），通过各区块人口数据及人均住房面积估算了每个区块的住房建筑面积（国家统计局，2010；北京市统计局，2013），通过相关网站的房屋交易数据获取住房的房租数据，并对数据做了进一步处理，即剔除了过高或过低的房租数值（异常值）。因为住房开发模型依据的是市场规律，过高或过低的房租或房价是特殊原因所致，并非正常市场规律作用的结果。

5.2.2 模型的校准

模型的校准是模拟工作的关键步骤。虽然本节没有街道尺度的建筑规模数据用于校准住房开发模型，但模型中房租对模拟结果起着至关重要的作用，并且房租通常受供求关系影响，与开发面积有直接的联系，因此本节用房租检验住房开发模型的拟合效果。为校准模型，首先根据经验给模型的每个系数设定一个经验值，然后利用模型预测住房开发分布，通过对比预测值和观测值（实际值）不断调整系数。每次试验，根据房租的预测值与观测值（实际值）的差异，对系数进行调整。例如，若所有区块房租的预测值均比观测值大，并且模型的 R 检验小于 0.50，那么与房租成正相关关系的系数就会被减小 0.5%，反之亦然。其他系数的调整与此类似，直到预测值与实际值相近。以 2014 年为基年，逐年模拟预测。图 5-1 为 2015 年北京各区块房租预测值与实际值的对比，R^2 为 0.76，获得了很好的拟合效果。

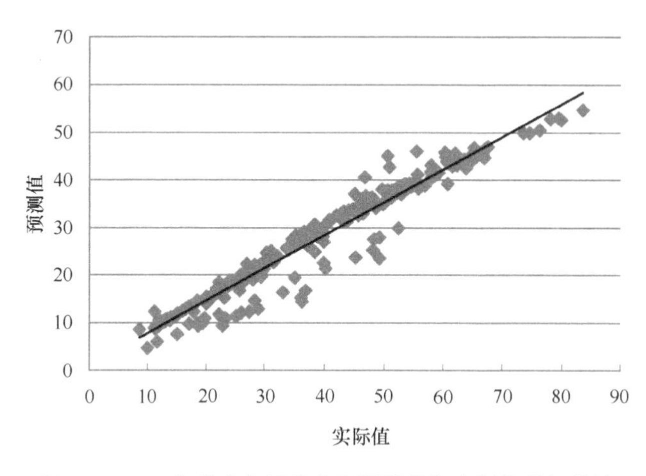

图 5-1　2015 年北京各区块房租预测值与实际值的相关性

5.2.3 住房空间分布模拟

1. 土地利用政策情景设置

本节设定的土地利用政策情景的作用是试验模型，不代表官方政策。假定土地利用政策对每个空间单元的许可开发面积保持稳定，延伸到未来各个年份。本节将 2009—2013 年的住房许可开发面积（来自土地交易数据）平均值作为 2014 年之后各预测年份的许可开发面积，如图 5-2 所示。许可开发面积较大的区块主要沿着六环路分布，这是由于城市中心大部分区域为建成区，难以开发。另外，如图 5-2 所示的许可开发面积空间分布与北京市着力发展中心城区外围地区的长期规划目标相一致。

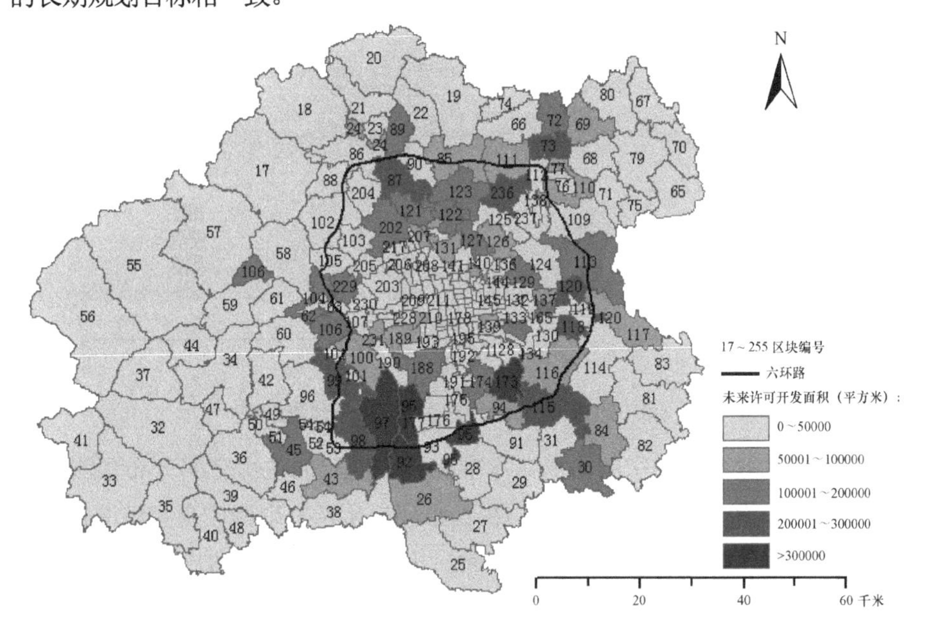

图 5-2 北京市许可开发面积空间分布

2. 2020 年住房空间格局预测

基于上述政策情景设置，利用住房开发模型逐年预测 2015 年及之后各年份的住房开发空间分布。其中，预测 2015 年的住房开发空间分布，需要用到 2014 年的家庭分布数据，这是已知的输入数据；预测之后年份的住房开发空间分布需要前一年的家庭分布数据，而这个数据是利用 LUTI 模型预测得到的，因此住房开发模型的预测实际上是与 LUTI 模型结合实现的，后续章节会详细阐述 LUTI 模型的实现，本章的目标是阐明住房开发模型的功能和实现步骤。

2020 年北京市住房空间分布预测结果如图 5-3 所示。由图 5-3 可知，2020 年北京市住房基本分布在五环路内。另外，交通线路对建筑空间布局影响很大，建筑空间倾向于布局在邻近主要道路、交通便利的区位。

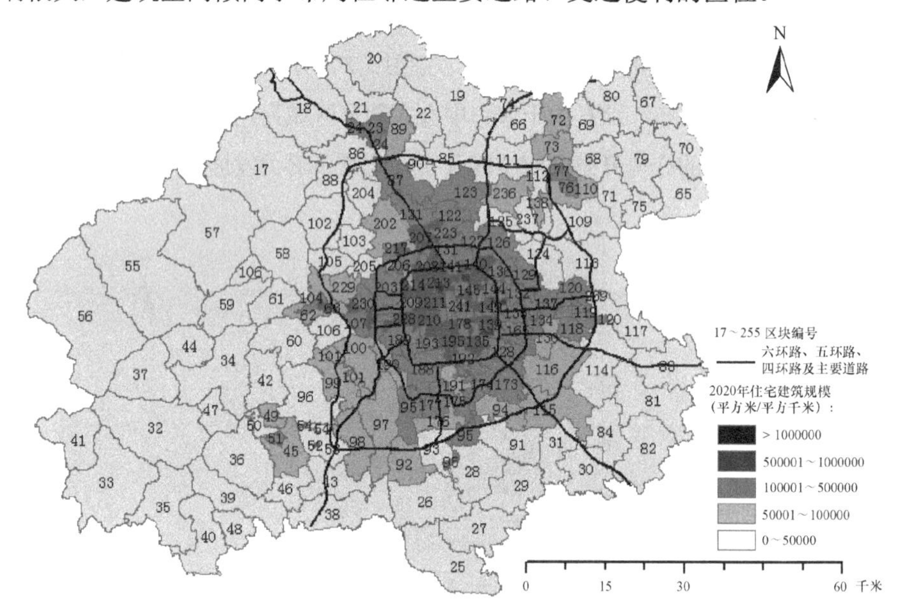

图 5-3　2020 年北京市住房空间分布预测结果

为分析住房增长的空间格局，本节将 2020 年的住房空间分布预测值与 2010 年进行比较，如图 5-4（a）、图 5-4（b）所示分别为住房面积增长绝对值空间分布和住房面积增长率空间分布。为了便于区块间的比较，本节采用自然断点法对区块进行分级。图 5-4（a）、图 5-4（b）均显示，2010—2020 年北京市住房开发主要发生在五环路外，尤其是五环路与六环路之间的区域，而中心城区的开发程度较弱，从中可以看出北京市城区的快速扩张。这一方面是由于城市中心地带已经被高度开发，致使在城市中心进行房地产开发成本升高；另一方面与政府疏解城市中心人口、缓解交通堵塞的政策有关。此外，由于五环路和六环路沿线的交通可达性较高，有更高的开发利润，自然催生了更高的开发强度。

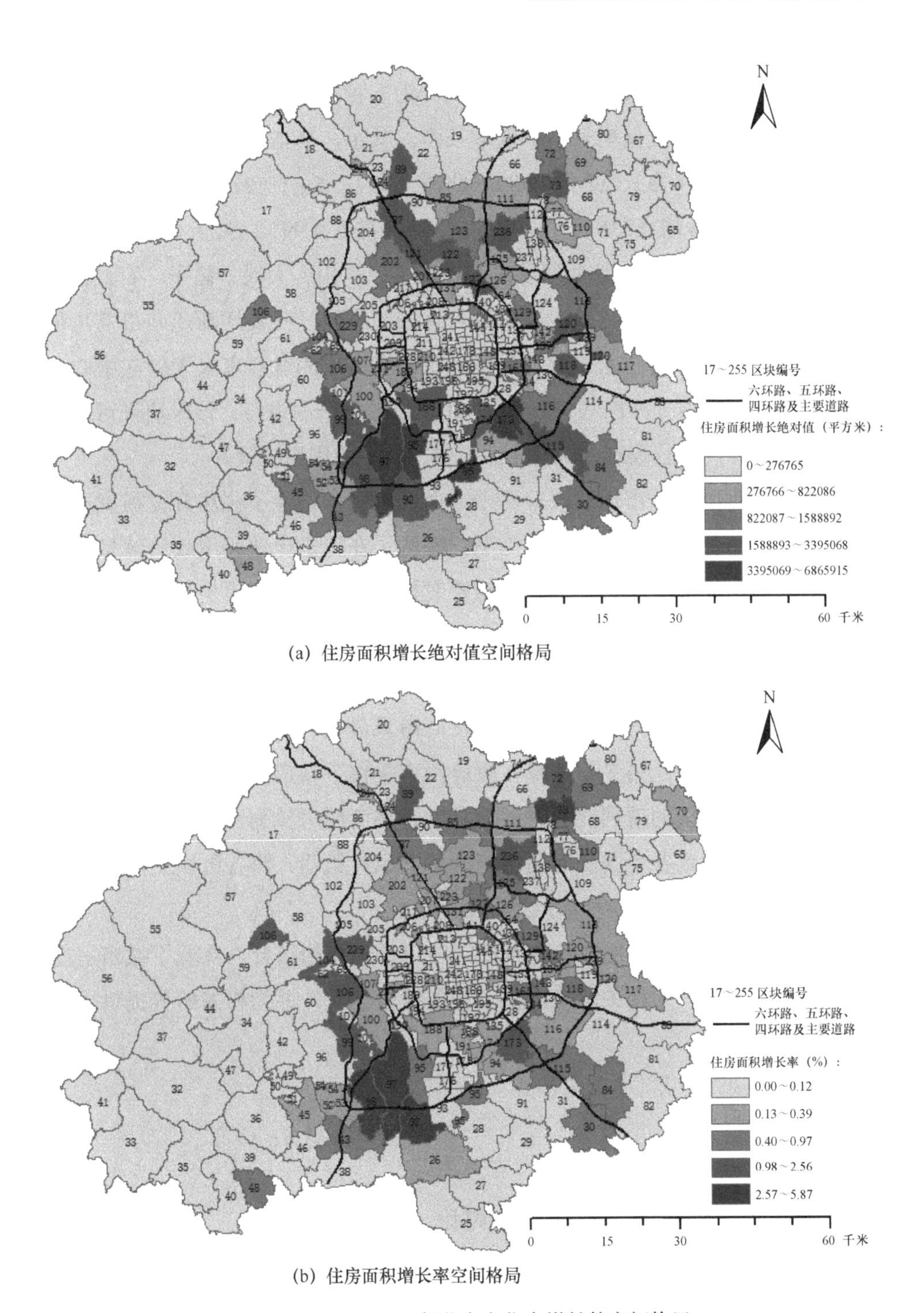

(a) 住房面积增长绝对值空间格局

(b) 住房面积增长率空间格局

图 5-4　2010—2020 年北京市住房增长的空间格局

根据住房面积增长率，此处将区块分为五种类型：高增长型、较高增长型、中等增长型、较低增长型和低增长型。其中，高增长型区块、较高增长型区块包括马坡（73）、良乡（98）、北臧（92）、长阳（97）、亦庄（173）、南邵（89）、后沙峪（236）、五里坨（229）、王佐（99）、永定（106）、牛栏山（72）、龙泉（107）。这些区块分布在顺义、房山、大兴、昌平、石景山、丰台和门头沟各辖区的行政中心附近。这表明房地产开发逐渐趋向市郊，但仍旧集中在各郊区的城区附近，这些区域有潜力成为北京市未来的次中心。其中，政府正在引导亦庄（173）成为北京市的一个次中心，该区块许可开发面积指标较高，并且政府为入驻企业提供了较多的优惠政策。

本节同时考虑了市场和政策两个方面的限制，构建了住房开发模型用于预测住房空间分布，并以北京市为例，预测了在特定土地利用政策情景下未来住房开发空间分布。同样地，住房开发模型可以用于商用房开发预测。为预测商用房开发的空间分布格局，住房开发模型的各参数需要更换为商用房的相关指标。与住房开发预测相对应，商用房开发预测四个步骤变更为：第一，假设在无政府制约条件，以及开发商追求最大利润的前提下，估算城市商用房建筑总面积；第二，估算在政府约束条件下城市商用房开发总面积；第三，根据各区块的盈利能力及政策限制，将商用房预测开发总面积分散到各个区块中，确定各个区块的商用房开发面积；第四，将各区块的商用房开发面积与商用房存量面积相加得到商用房总面积。

住房开发模型探索性地将政策限制与市场规律相结合，实现了城市房屋开发的模拟预测，为相关政策提供了情景检验工具，并为相关研究提供了方法方面的参考。

5.3 讨论

5.3.1 关于住房开发周期的讨论

城市建筑开发通常需要一定工期才能完成。楼房建筑的开发通常需要 2 年左右的时间，即从住房开工建设到投入使用通常有一个滞后期，而前文的住房空间分布模拟方法忽略了这个滞后期。如果考虑开发周期，例如，设定开发周期为 2 年，由 t 年份预测的 t+1 年份的开发面积，实际上为 t+1 年份的开工面积，其投入使用应该为 t+3 年份；而 t+1 年份和 t+2 年份的竣工面积（新增面积）应该为 t−1 年份和 t 年份开工建设的面积。

5.3.2 模型的准确性

就住房开发模型预测的准确性而言，由于城市空间的发展是一个复杂的过程，难以精确地预测，因此住房开发模型并不是可以准确地预测未来的模型，而是提供了对于政策情景的检验工具，用于检验在不同土地利用政策情景下城市房屋开发的空间分布。就模型的预测值而言，较之预测值的绝对大小，预测值的相对大小更有意义。预测值的相对大小包括两个方面：一方面，不同区块预测值的相对大小；另一方面，对比在不同政策情景下的差异。本节认为这两个方面对于辅助决策具有重要的参考价值。

5.3.3 模型优化

限于数据的可用性，加之房租（或房价）是各种因素的综合反映，案例中非限制住房面积预测目前主要考虑了房租，并参考了现有的住房空间分布。未来，模型的优化可考虑进一步加入其他影响因素，如建设成本、拆迁费用等。为了更贴近实际，在逐年预测时，房租的估算应考虑到需求的变化（人口分布），因而在后续工作中，需要综合考虑家庭人口分布与房租的相互作用关系进行房租估算，为此须建立家庭人口分布变化预测模型。

本章的案例假设（政策情景）是过去的土地利用政策会延续到未来，该假设是为示范模型的应用而设置的政策情景，并不代表官方政策，在实际应用中可以根据实际情况设定政策情景。本研究将建筑空间（房产）分为住房和商用房两大类，在实际应用中可以根据数据的可获取性及应用需求进行细分，如商用房可以细分为服务业商用房、办公类商用房、教育类商用房等，以实现更详细的分类预测。对所构建模型进行不同程度的修改和校准可进一步应用于其他城市；通过更多的案例应用对比，在变量选择、参数设置等方面不断改进，可逐步完善住房开发模型。

5.3.4 城市土地市场模拟

住房开发模型根据利润预测住房开发情况，而实际上城市的房屋开发受土地供应的制约。开发商在开发房屋之前首先要拿到地。同样的利润，如果土地供应量不同，房屋的开发面积也是不同的。为此，首先需要构建土地供应预测模型，模拟土地市场，确定土地供应的空间分布格局；然后在确定土地供应基础上进一步利用住房开发模型预测房屋开发面积。当然，这时住房开发模型需要进行相应的改进，进一步考虑土地的限制，建立土地出让数量、土地出让分布格局与建筑开发面积之间的定量关系。

5.4 本章小结

城市是居民从事社会经济活动的地方，城市建筑空间为居民提供了从事社会经济的活动场所。政府通过控制城市建筑的空间分布格局及用途，管控城市居民社会经济活动的分布格局，即城市土地利用。城市土地利用开发是由开发商完成的，开发商在追求开发利润的同时必须遵守政策规定。本章构建了住房开发模型（Floorspace Development Model，FDM），以预测城市住房空间分布格局。住房开发模型分四步预测城市住房开发情况。首先，预测开发商为追求最大利润在各个区块可能的开发面积，称作非限制开发面积；其次，将非限制开发面积预测结果与许可开发面积进行对比，若预测结果大于许可开发面积，则对预测结果进行修正，使其等于许可开发面积，经过该步骤的处理，城市非限制开发预测总面积会小于等于许可开发面积，称作限制开发面积；再次，确定住房开发空间分布格局，即将预测的城市住房开发面积分配到各个区块中去，根据各个区块的利润进行分配，但不能超过各个区块的许可开发面积；最后，将预测开发面积与现有开发面积进行加总，得到各区块的开发总面积，在必要时需要减去拆除面积。

住房开发模型同样可以用于模拟商用房开发，此时需要将对应的变量换为商用房数据，即根据商用房利润和政策限制预测商用房开发空间分布格局。城市建筑分布影响着城市家庭人口和企业分布格局，其将作为输入预测各类家庭和企业的分布。

参考文献

[1] McFadden D. Modelling the choice of residential location[M]. In: Karlquist, A. et al (eds.). Spatial Interaction Theory and Residential Location. Amsterdam: North Holland, 1978, 75- 96.

[2] 北京国土资源局. 土地出让公告[N/OL]. [2014-10-15].

[3] 北京统计局. 北京人口和就业统计年鉴[M]. 北京：中国统计出版社，2013.

[4] 国家统计局. 第六次全国人口普查数据[M]. 北京：中国统计出版社，2010.

[5] 牛方曲，王芳. 城市住宅空间分布模拟研究[J]. 地理科学，2020，40（1）：97-102.

第6章

城市区位成本评价

区位成本即生产生活投入要素中取决于区位特征、存在显著区位差异的成本。对决策主体而言，区位成本是家庭或企业选择某一区位的经济成本，影响家庭和企业的选址，并最终影响城市人口和企业（经济活动）分布格局。微观主体选址行为的集合作用推动了城市空间结构演变。

房租（或房价）是影响区位成本的主要因素。不同类型的家庭或企业所需占用的建筑空间类型不同，对应的区位成本也会不同。例如，四代户居住需要大房型，而一代户居住只需要选择小房型，对应的居住房租会有所不同。类似地，企业对空间的需求也会不同，例如，仓储类企业与办公类企业所需建筑空间类型差异明显，对应的房租也会不同。因此，区位成本评价同样分经济活动类型开展。建筑类型划分受限于数据的获取，在数据允许的情况下可以对其进行细分。建筑类型的划分与经济活动并非完全对应，因为不同经济活动可能对应相同的建筑类型。例如，两口之家与单身家庭选择同样的房型，办公类企业与教育类企业可以选择同样的房型，等等。本章分别以家庭和企业为例阐述城市区位成本评价方法。

6.1 家庭区位成本评价——消费效用

6.1.1 家庭区位成本评价概述

空间固定性是住房的重要特性，这使得住房带给人们的效用不仅取决于建筑本身，还取决于其所处的空间位置，即居住区位（Residential Location）。最早对房价的模拟可以追溯到杜能的农业区位论，其实质是基于一系列假设对城市地价分布规律的高度抽象化表达（Krugman，1996）。在此基础上，Alonso、Mills 和 Muth 在 20 世纪 60 年代提出了单中心城市模型，为城市空间结构模拟奠定了理论基础，其核心在于分析居民在住房消费、向城中心的通勤成本之间的权衡行为（Fujita，1989）。同时，不同类型家庭对不同居住区位的偏好不同，也造成了居住区位在空间上的分异（牛方曲等，2016）。多数居民根据自己的支付能力、个人喜好、工作地点等，在住房市场上自由选择适合自身需求的市场价住房，居民对不同居住区位的支付意愿反映了其对居住区位的偏好需求特征（郑思齐等，2005）。

消费效用通常用于衡量消费者的心理满足程度。消费效用最大化是人们消费活动普遍遵循的原则。在家庭预算的约束下，理性家庭总是将有限的消费支出最佳地分配给各个消费束，通过调整消费束之间的比例在满足自身需求的同时，追求消费效用最大化。因此，ActSim 模型对于家庭区位成本的评价，就是结合家庭收入评价其区位的消费效用。

6.1.2 家庭消费效用评价方法

每个家庭所消费的商品和服务多种多样，本节将家庭支出归为两类：住房消费，其他商品或服务（Other Goods or Services，OGS）消费，并采用 Cobb-Douglas 生产函数阐述城市消费效用的评价方法。消费效用的计算并没有考虑交通费用，这是因为在 ActSim 模型中，交通费用已经包含在交通可达性里面。

Cobb-Douglas 生产函数是经济学中应用最为广泛的消费效用函数。它是美国数学家 Cobb 和经济学家 Douglas 根据 1899—1922 年美国制造业部门的数据构造的，两人共同探讨投入与产出的关系，于 1928 年提出了该函数（Cobb et al.，1928）。本节将其用于计算城市家庭消费效用，即

$$U_i = (a_i^{\mathrm{H}})^{\beta^{\mathrm{H}}} (a_i^{\mathrm{O}})^{\beta^{\mathrm{O}}} \tag{6-1a}$$

$$\beta^{\mathrm{H}} + \beta^{\mathrm{O}} = 1 \tag{6-1b}$$

式中，U_i 是在区块 i 内的家庭消费效用；a_i^{H} 是家庭的平均使用面积；a_i^{O} 是

家庭 OGS 的平均花费；β^{H} 和 β^{O} 表征家庭将收入分配到住房和 OGS 两类消费上的倾向性，要求两者之和为 1。对于同类家庭而言，其有相近的收入，分配在住房和其他消费的倾向性通常也比较类似。当对于收入的分配比例一定时，由于各地块的房租不同，同样的收入在高房租的地方居住面积会更小，消费效用（U_i）也会下降，而在低房租的地方可以有更大的居住面积，消费效用也会变高。因此，区块的消费效用受家庭的收入水平影响。

6.1.3 案例应用：北京家庭消费效用评价

1. 空间尺度设定

城市的消费效用评价是分区块进行的，因此首先需要对研究区进行空间单元划分。数据收集也是基于区块进行的，本节以街道、乡、镇为空间单元。另外，北京北部的延庆、怀柔、密云和平谷四个县（区）存在大面积的山区和农村地区，因此对其不予进一步划分，而是采用其城区（县城）的数据。

2. 数据情况

家庭消费效用评价需要获取各类家庭的收入情况、各区块的房价，这些数据通常难以获取。作为案例，本节不再依据收入对家庭进一步细分，而是采用全北京市的平均家庭收入。房租数据是利用相关网站提供的数据折算出的每个区块单位平方米的房租。根据访谈确定家庭收入分配比例，从而计算出同样的收入在各个区块可以居住的面积。当家庭支出一定时，家庭消费的其他商品数量认为不会变化。

3. 研究结论

基于上述设定，可以计算出北京市各区块的家庭消费效用，如图 6-1 所示。由图 6-1 可知，家庭消费效用高值区多分布于远郊地区，低值区主要分布于城市中心。家庭消费效用分布格局大致为由城市中心到远郊地区逐渐升高，这是因为靠近城市中心的位置房租更高，同样的居住支出对应的居住面积更小，消费效用更低。

城市居民由于所从事的行业不同，收入也存在差异，因此城市居民可以分为不同的社会经济群体。不同收入的家庭对于住房消费的分配比例不同，因此，在每个区块不同社会经济群体的消费效用不同，这也导致不同社会经济群体的区位选择不同。因此，为实现更为精细的城市消费效用评价，需要进一步将各类家庭划分为不同的社会经济群体，并依据各类社会经济群体的收入，以及其在居住与其他消费方面的偏好，分类评价各区块的家庭消费效用。

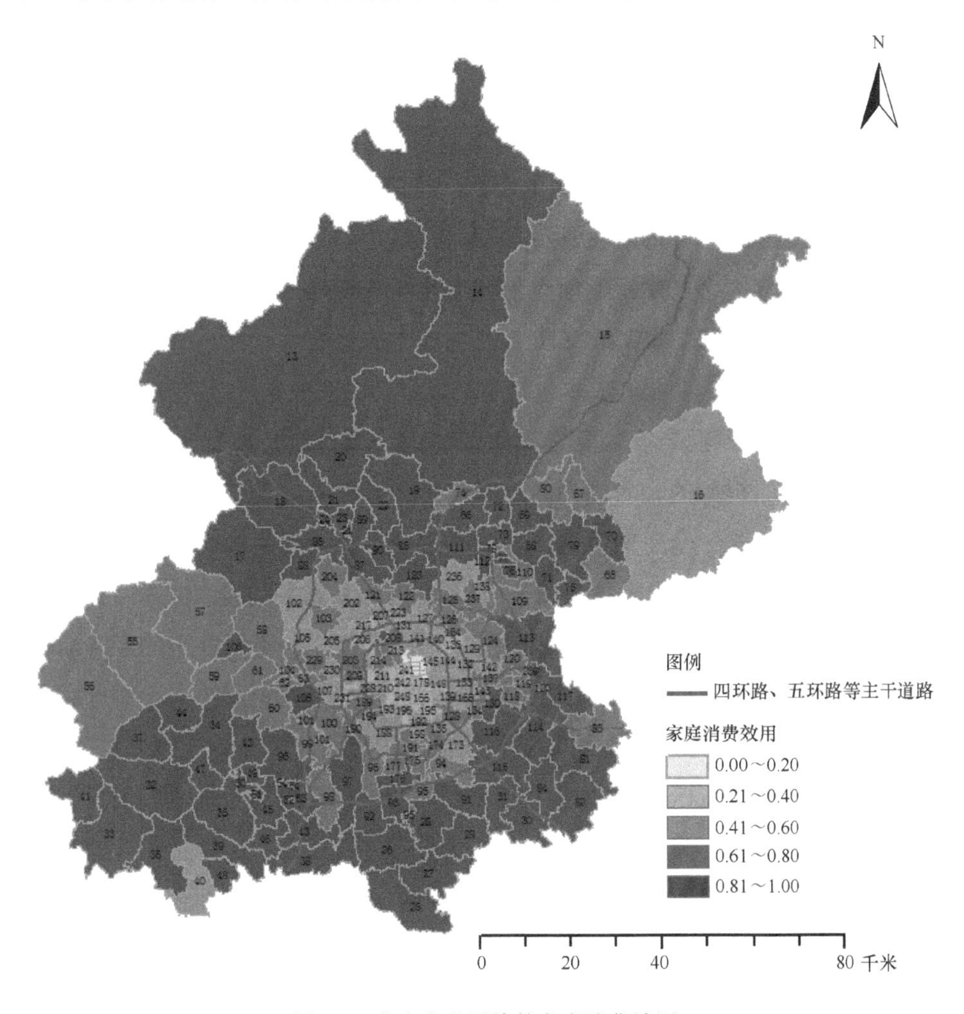

图 6-1 北京市各区块的家庭消费效用

另外，区位成本还包括物业费、供暖费、水电费等，如果可以获取此类详细的数据，可以一并考虑。通常，在市场经济条件下，房租可以综合反映各区块的区位成本。

6.2 企业区位成本评价

由于生产活动在空间上的分离，企业内和企业间会产生联系成本。多区位企业的总部和生产工厂，以及前端部门和后端部门间的联系都会产生企业内联系成本；不同企业间由于分工的垂直分解而产生的投入产出联系会产生企业间联系成本。联系传输的可以是信息流（如商业谈判、对话）、物质流（如具体产品）等。由于联系成本的存在，经济活动总是倾向于集聚。集聚会通过降低运输成本（物质联系成本）和信息联系成本，为企业带来正外部性，这种空间集聚会产生通常所说的城市化经济和地方化经济（范剑勇等，2011）。从本质上来看，这两者都是对交易成本的节约。

根据前文分析，企业的成本包括生产成本和联系成本（或者交易成本），前者指企业的各种生产投入要素（如劳动力、原材料、机器设备等）和地租，后者指前面提到的物质联系成本和信息联系成本。其中，联系成本与空间有关，地租也是一个空间概念，因此联系成本和地租共同构成了与空间异质性有关的空间成本（邵晖，2012）。当与空间因素无关的投入成本一定时，企业在利润最大化的驱动下，追求空间成本的最小化。不同性质的经济活动对城市土地空间位置的依赖程度不同，人力资本密集型企业倾向于靠近城市中心，而资本密集型企业会选择通达性较低的边缘地区（Scott，1982）。

在实践层面，ActSim 模型中直接采用房租计算企业区位成本。但对于不同的企业而言，其对建筑空间的需求强度不同，换言之，各类企业的分布密度不同（同样规模的企业需求的建筑面积不同），因此，单位面积的房租无法体现各类企业的区位成本。

基于上述讨论，ActSim 模型采用各类企业的人均办公成本计算，即各类企业人均房租。例如，对教育类企业而言，首先统计城市各空间单元内教育类企业的用房总面积和企业用工总人数，从而计算出人均用房面积，将面积乘以单位面积的房租，得到教育类企业的人均房租，用于表征教育类企业的区位成本。

6.3 本章小结

区位成本指的是家庭或企业选择某个区位所付出的经济成本，区位成本是影响家庭和企业选址的重要影响因素。房租（或房价）是影响区位成本的主要因素。城市家庭和企业对于区位成本的考量存在明显差异。家庭在将其有限的收入用于住房或其他消费时，会追求消费效用最大化，而企业通常以利益为主要考量因素。本章采用 Cobb-Douglas 生产函数计算家庭消费效用，采用房租（各类企业人均房租）衡量企业的区位成本。家庭消费效用或区位成本被用于计算家庭的区位，由于各类家庭的收入不同，所以家庭消费效用评价是分家庭类型和区块进行的。同样地，各类企业的用房规模不同，企业区位成本评价也是分企业类型和区块进行的。

参 考 文 献

[1] Cobb C W, Douglas P H. A Theory of Production[J]. American Economic Review, 1928, 18 (Supplement): 139-165.
[2] Fujita M. Urban Economic Theory[M]. Cambridge, UK: Cambridge University Press, 1989.
[3] Krugman P. The Self-Organizing Economy[M]. Malden, MA: Blackwell, 1996.
[4] Scott A J. Locational Patterns and Dynamics of Industrial Activity in the Modern Metropolis[J]. Urban Studies, 1982, (19): 111-142.
[5] 范剑勇，李方文. 中国制造业空间集聚的影响：一个综述[J]. 南方经济，2011（6）：53-66，6.
[6] 牛方曲，刘卫东，冯建喜. 基于家庭区位需求的城市住房价格模拟分析[J]. 地理学报，2016，71（10）：1731-1740.
[7] 邵晖. 从联系成本角度解读企业的区位选择[J]. 华东经济管理，2012（5）：91-94，108.
[8] 郑思齐，符育明，刘洪玉. 城市居民对居住区位的偏好及其区位选择的实证研究[J]. 经济地理，2005，25（2）：194-198.

第7章

城市交通可达性评价

学界对交通可达性有不同的理解和定义，但本质上大同小异，均用于表征区位的交通优势度。本章将城市交通可达性定义为，从某位置出发从事各类经济活动的便捷度。例如，城市内区块 i 的交通可达性表征从该区块出发到达各类经济活动目标（机会）的便捷度。交通可达性是分区块（空间单元）评价的，反映区块的交通优势度。

7.1 交通可达性定义

学者们对交通可达性（Accessibility）的概念或定义并未达成一致。伴随着经济社会的发展，交通系统逐渐完善，交通系统对于经济发展的影响越来越受到重视。交通可达性不仅是交通系统发展与区位交通优势的定量测度，也被用于解释社会现象的空间变化，如土地利用的空间结构、城镇的扩展、服务设施的选取等（杨家文等，1999）。

交通可达性研究最早可以追溯到古典区位论，用于表征从出发地到目的地的难易程度（Alonso，1964）。作为反映交通成本的基本指标，古典区位论中的农业区位论、工业区位论、市场（城市）区位论都蕴含了可达性的理论。Christaller 在 1933 年专门创造了德文的“可达性”一词，用于阐述中心地理论（Christaller，1933）。Harris 通过分析城市发展和交通规划引出了可达性的概念，认为可达性是到达某地的难易程度，可以通过不同活动之间的相互作用及其所引起的交通行为来定义（Harris，1945，1954）。后来，这一观念逐渐成为可达性研究的基础，并应用于城市与交通规划。Hansen 于 1959 年将可达性定义为到达各类机会的潜力，并用重力模型开创了交通可达性与城市土地利用之间关系的研究（Hansen，1959）。与通常的定义不同，该定义是对互动可能强度的衡量，而不仅是对互动难易程度的衡量。Hansen 认为，可达性的主要功能是为城市提供互动与交流的机会。Morris 等认为，可达性是对人类活动空间分隔的某种衡量，本质上也是指用特定的交通系统从一个给定的地点到达活动地点的难易程度。他认为，一方面，可达性被解释为个人和空间的一个属性，与实际的交通出行无关，衡量的是前往选定目标地点的潜力或机会；另一方面，可达性的存在不仅依托于机会的存在，同时存在于服务的使用和活动的参与过程中，可达性不能独立存在（Morris et al.，1979）。Linneker 和 Spence 研究认为，可达性是指人群或企业到达某地所获得的机会数量，他们更加关注一个地区在交通网络中的相对位置，不管该地区位于边缘还是中心，也不管该地区与其他地区之间的联系和互动（Linneker et al.，1992）。Guti 认为，可达性是接近其他区位的可能性，交通基础设施改善带来的可达性水平提升，可以通过加权平均旅行时间、经济潜能和日常可达性等指标进行测度（Guti，2001）。Kwan 等将可达性分为地方可达性和个体可达性，前者指所有人容易到达的区位或地方所特有的属性，即某一区位“被接近”的能力，后者主要是用于反映个人生活质量高低的标准（Kwan et al.，2003）。

国内学者对可达性这一概念的理解与定义受国外研究的影响。陆大道认为，可达性是指一个区域（国家、地区、城市、线状和点状基础设施）与其他有关区域进行物质、能力、人员交流的便捷程度，其基本含义是区域之间社会经济联系的方便程度（陆大道，1995）。可达性的高低反映了该区域与其他有关区域接触进行社会经济活动和技术交流的机会和潜力；在一定程度上也可以理解为，可达性反映了这个区域发展的潜力。杨家文等延续了 Harris 等对交通可达性的定义，将可达性完整概念的理解概括为三个方面（Harris，1954）：被评价的各个地理实体在区域中的分布；交通系统的种类及不同种类的组合，包括服务方式、服务质量、速度、费用、舒适程度等；接近与被接近的对象的社会经济特性，如收入状况、就业情况、产业发展状况等。

分析可达性的诸多定义可知，可达性的含义涉及以下几个方面：第一，交通成本，除了在交通出行方面支出的费用，还包括所承担的安全风险、所花费的时间等方面；第二，目的地的吸引力，终点所在地的经济发展状况、基础设施状况等方面，表征机会的数量；第三，可达性主体的选择及主体特征，包括个体可达性和地方可达性两种，前者反映个人生活质量，后者反映地方属性。

7.2 交通可达性原理与评价方法

常用的交通可达性评价方法多局限于特定数量的设施或范围，例如，1 千米半径内分布的医院或企业数量，到达 10 家医院需要几千米，到达特定机会的平均时间或距离等。这些评价方法通常需要设定阈值，但在实际应用中阈值难以科学给定（如 1 千米内的机会起作用，1.1 千米处的机会是否应该考虑）。此外，当城市内部新增机会时，可达性的评价值可能会变低，例如，在很远处增加了新的就业机会，会延长到达工作机会的平均时间。

城市是一个完整的体系，城市空间的发展过程是各类活动通过交通系统相互作用的过程，各位置的区位条件应该是城市所有设施综合影响的结果。因此，合理的交通可达性评价方法应考虑包括“全市”所有设施的多少，以及到达这些设施的交通条件。从城市系统运转而言，真正影响城市内在运行机制的不是设施，而是居民的各类“社会经济活动”，以及及其在“时空上”的格局（Hansen，1959；Lowry，1964；Wegener，2004；Torrens，2000）。因此，区位条件更核心的含义应是在整个城市范围内获取某种“活动”的“机会多少及获取成本大小”，而非某几个设施或 CBD（Central Business District，中央商务区）。“距离”只是对设施可达性的“静态”描述，在实际中，交通设施（如地铁站点）对周围房价产生影响的根本原因是交通沿线经济活动的分布，例如，当交通沿线经济活动的分布发生变化时，其势必影响交通设施周围的房价。因此，如果采用全市各种经济活动机会的可达性刻画区位条件，就可以反映全市所有经济活动分布的变化对区位条件的影响，实现对区位条件的动态刻画（区位条件随城市经济活动分布的变化而变化）。

基于上述讨论，交通可达性评价涉及两方面，一方面是全市各类经济活动的分布，另一方面是到达各类经济活动的交通条件。后者取决于交通设施的供给和需求，是从物理交通层面表征区块间通行的方便程度。因此，建立交通可达性评价模型如式（7-1）所示。

$$A_i = \frac{1}{-\lambda}\left(\ln\left\{\sum_j W_j \exp(-\lambda g_{ij})\right\}\right) \tag{7-1}$$

式中，A_i 表征了城市区块 i 的交通可达性；W_j 是区块 j 内的机会数量；g_{ij} 是区块 i 到区块 j 的交通成本；分布系数 λ 表征了交通出行对于距离变化的敏感程度。

在模型中，距离参数 g_{ij} 的分布系数为负值（$-\lambda$），当距离增大时，$\exp(-\lambda g_{ij})$ 的函数值变小，区块 j 的权重 W_j 被减小。因此，对于区块 i 而言，如果区块 j 很难到达（g_{ij} 值很大），区块 j 内的机会数量将变得无意义；反之，如果区块 j 很容易到达（g_{ij} 值很小），区块 j 内的机会数量影响会很大。式（7-1）的评价结果使得可达性 A_i 的量纲与交通成本 g 相同。从数学上而言，A_i 值越大，交通可达性越低。

采用上述对数求和的方式评价交通可达性的优势在于：该模型包含了交通系统和经济活动分布两个方面，合理地刻画了交通区位，易于扩展；公式无须设定阈值；若在很远处增加活动机会，区块 i 交通可达性的改进虽然不大，但不会下降（若采用简单的求和再平均的方式，结果可能会下降）。式（7-1）是对 McFadden 随机效用理论的扩展应用（McFadden，1978）。需要说明的是，本书虽然借用该模型阐述了交通可达性评价原理，但并不否认存在其他合理的数学模型，下同。

若借用计算机算法实现基于式（7-1）计算区块 i 的交通可达性，则需要扫描城市所有区块活动的机会分布。若采用计算机程序计算城市所有区块的交通可达性，算法将包含内循环和外循环，其中，内循环用于计算某个区块的交通可达性，外循环用于评价所有区块的交通可达性。

式（7-1）中的系数 λ 用于表征距离对城市人口出行的影响。例如，若将城市人口分为不同的社会经济群体，各社会经济群体的出行方式通常不同，对距离的敏感度也不同。高收入群体的出行方式通常多种多样，距离对其出行的影响相对较小，可通过将 λ 赋于较小的值，从而降低距离对交通可达性的影响。基于此，式（7-1）可变为式（7-2），即

$$A_i^{seg} = \frac{1}{-\lambda^{seg}}\left(\ln\left\{\sum_j W_j \exp(-\lambda^{seg} g_{ij})\right\}\right) \tag{7-2}$$

式中，A_i^{seg} 为区块 i 对于社会经济群体 seg 的交通可达性；λ^{seg} 是针对社会经济群体 seg 的距离系数，不同社会经济群体的取值不同，体现距离的影响不同。

此外，W_j 用于表征区块的机会数量或权重，而对于不同的社会经济群体，该权重也会有所不同。例如，同一个行业，其就业岗位收入存在差异，部分就业岗位对应高收入群体，部分就业岗位对应中低收入群体，换言之，不同社会经济群体的机会数量不同。对应地，W_j 变更为 W_j^{seg}，表征区块 j 对于社会经济群体 seg 而言的机会数量或权重。评价结果显示，区块 i 内有多个交通可达性值，对应不同的社会经济群体。如此细分评价交通可达性，在理论上更合理，结果也更精准，但其对数据要求较高，而且工作量会倍增，在应用中可根据实际需要裁定。

7.3 多模式城市交通状况评价

式（7-1）中的变量 g_{ij} 为从区块 i 到区块 j 的交通成本，表征了城市交通状况。交通成本评价通常采用最短路程、最小时间成本或经济成本表征。其中，最短路程的考量依据时间成本和经济成本。时间成本和经济成本可以单独采用，也可以对两者进行综合考量，称作综合费用（Generalized Cost）g，如式（7-3a）所示。其中，$time\_cost_{ij}$、$economic\_cost_{ij}$ 分别是区块 i 和区块 j 之间的交通时间成本、经济成本。

$$g_{ij} = \ln(\exp(\text{time\_cost}_{ij}) + \exp(\text{economic\_cost}_{ij})) \tag{7-3a}$$

关于交通时间成本或经济成本的评价，由于城市中存在多模式交通，如自驾、公共交通（公交车、地铁）、骑行、步行等，不同的交通模式对交通成本有不同的侧重，因此需要分模式评价交通成本（g_{ijm}），如式（7-3b）所示。其中，g_{ijm}是区块 i 和区块 j 之间交通模式 m 的综合成本；time_cost_{ijm} 和 $\text{economic\_cost}_{ijm}$ 分别为区块 i 和区块 j 之间交通模式 m 的时间成本和经济成本。

$$g_{ijm} = \ln(\exp(\text{time\_cost}_{ijm}) + \exp(\text{economic\_cost}_{ijm})) \tag{7-3b}$$

$$g_{ij} = \ln\sum_{m}\exp(\lambda_{ijm} g_{ijm}) \tag{7-3c}$$

区块 i 与区块 j 之间的交通综合成本应是对各交通模式成本综合的结果，如式（7-3c）所示，其中 g_{ij} 是对各交通模式成本进行加权。在式（7-3c）中，g_{ijm} 是从区块 i 到区块 j 交通模式 m 的交通成本；λ_{ijm} 是交通成本 g_{ijm} 的系数，表示交通模式 m 对距离的敏感度。例如，自驾人员对距离的敏感性较低，可以忍受较长距离，λ_{ijm} 可以取相对较小的值；但步行模式通常对距离较为敏感，难以克服长距离影响，λ_{ijm} 需要取相对较大的值。总之，系数 λ_{ijm} 需要科学确定，以反映各交通模式对距离的敏感度，进而合理体现区块间的交通综合成本。

除交通模式外，交通需求与供给同样会影响交通成本的测算。在交通设施条件相同（承载力相同）的情况下，当交通沿线需求较高时，会影响交通出行，增加交通成本。因此，对更细尺度而言，不同交通模式的交通成本评价需要考虑交通需求与供给情况。目前，交通成本评价常用的方法是交通四阶段法。

城市交通评价可以借助智能交通评价软件实现，目前常用的智能交通评价软件有 START、TRAM 等。交通成本评价结果是一个 $n \times n$ 的矩阵，即两两区块之间的交通成本；n 是城市区块数量，其取决于研究尺度，研究尺度越小（细分单元越小）则区块数量越大，即 n 越大。

同样地，由于不同的社会经济群体对于交通时间成本和距离成本有不同的侧重，因此，g_{ijm} 评价结果对于不同的社会经济群体有不同的值。对应地，城市交通综合成本评价公式变为式（7-4a），交通可达性评价公式变更为式（7-4b）。

$$g_{ij}^{\text{seg}} = \ln\sum_{m}\exp(\lambda_{ijm}^{\text{seg}} g_{ijm}) \tag{7-4a}$$

$$A_{i}^{\text{seg}} = \frac{1}{-\lambda^{\text{seg}}}\left(\ln\left\{\sum_{j} W_{j}\exp(-\lambda^{\text{seg}} g_{ij}^{\text{seg}})\right\}\right) \tag{7-4b}$$

式中，g_{ij}^{seg} 是对于社会经济群体 seg 而言区块 i 与区块 j 之间的交通综合成本；$\lambda_{ijm}^{\text{seg}}$ 是区块 i 和区块 j 之间交通模式 m 成本的权重；A_{i}^{seg} 是区块 i 对于社会经济群体 seg 的交通可达性。

除此之外，城市交通出行目的存在差别，如上学、购物、上班等，不同的交通出行对于交通成本的侧重也会有所不同，为此，需要进一步分出行目的来评价交通成本和交通可达性，其同样可以采用上述方法进行评价。上述评价方法旨在抛砖引玉，阐明交通可达性评价的基本原理，具体交通可达性细化到哪个层次可以根据实时应用需求来确定。

7.4 基于“活动”的交通可达性评价

7.4.1 分“活动”类型的交通可达性

如前文所述，本书将“交通可达性”定义为从某区块出发到达目标（或者机会）的便捷度。城市是居民从事经济活动的地方，根据所从事的经济活动不同，交通出行对应的目标或机会也会不同。例如，对于就业出行而言，根据交通可达性定义，区块 i 的交通可达性是指从区块 i 出发到达就业岗位的便捷度，取决于全市所有工作岗位分布及其与区块 i 之间的交通条件；同样地，教育、医疗服务、消费等各类活动的情况类似。由于各类经济活动的空间分布格局不同，因此交通可达性的评价结果必然不同。换言之，同一个位置对于不同经济活动的价值不同。区块的交通可达性反映了全市经济活动对该区块的影响。

据此可知，城市交通可达性评价应基于经济活动类型开展。假设将城市经济活动分为就业、教育、消费、医疗服务四种类型，仍然以式（7-1）为例阐述基于“活动”的交通可达性评价。根据式（7-1），评价交通可达性需要设定各区块的权重（W_j），则就业可达性评价可采用各区块的就业岗位数量作为权重，如式（7-5）所示。其中，A_i^j 为区块 i 的就业可达性，表征了从区块 i 出发去上班的便捷度；W_j 是区块 j 的权重，即分布于区块 j 内的就业岗位数量。

$$A_i^j = \frac{1}{-\lambda^j}\left(\ln\left\{\sum_j W_j \exp(-\lambda^j g_{ij})\right\}\right) \tag{7-5}$$

类似地，可以将权重换成教育、医疗服务、消费等经济活动的就业规模，评价教育、医疗服务、消费等经济活动的交通可达性。每个区块将各有四类交通可达性，表征从该区块出发从事四类经济活动的便捷度。如果将四类经济活动的交通可达性进一步与上述社会经济群体相结合，就可以评价不同社会经济群体的四类交通可达性。对应的权重 W_j 和交通成本也会有所变化，例如，对于社会经济群体 seg 的教育可达性评价，W_j 需要换为与 seg 群体对应的机会数量 W_j^{seg}。例如，对于一个高收入群体而言，他们只可能选择其中部分教育机会。同样地，由于不同的社会经济群体对时间成本的评估权重不同，因此 g 也需要分社会经济群体进行评价。

7.4.2 主动可达性与被动可达性

每次交通出行均有起点和终点。作为“起点”，关注的是其到达各类机会的交通便捷度；而作为“终点”，关注的是其被“机会”到达的交通便捷度。“起点”和“终点”对机会的定义不同。例如，居民的购物便捷度取决于周围商场或超市的分布，而商场或超市选址关注的是其被消费者到达的便捷度，即消费者空间分布。居民购物便捷度即主动可达性，而商场被到达的便捷度即被动可达性。主动可达性高的地方，其被动可达性未必高，前者影响家庭选址，后者影响商场或超市选址。

据此讨论，上文讨论的可达性评价可以归为主动可达性。本节同样以式（7-1）为例阐述被动可达性评价。例如，购物（消费）被动可达性需要考虑消费者（居民）空间分布和交通条件，如式（7-6）所示。其中，A_j^c为区块的消费活动的被动可达性，W_i为区块i的权重，即区块内的消费者数量。

$$A_j^c = \frac{1}{-\lambda^c}\left(\ln\left\{\sum_i W_i \exp(-\lambda^c g_{ij})\right\}\right) \tag{7-6}$$

类似地，可以将权重W_i换成就业人员、学龄人口、患者数量，用于评价就业、教育、医疗服务等各类经济活动的被动可达性。至此，每个区块将有四类交通可达性：就业、教育、消费、医疗服务。该区块在各类交通可达性评价中，既可以作为起点，又可以作为终点，共对应八个评价值，以表征其交通可达性。

随着经济活动分类的不同，交通可达性分类也随之不同。此外，如果人口分为不同的社会经济群体，还需要针对各类社会经济群体分别评价各类交通可达性。

7.5 案例应用

7.5.1 研究区域与数据

北京市作为超级大城市，经济发达、人口众多、交通复杂，是城市研究的典型案例城市。北京主城区位于六环路以内，其他四个远郊区县（怀柔、密云、平谷、延庆）在六环路外。为了全面探索城市空间的演化与扩展，本节以整个北京市作为案例地区，将六环路以内（含与六环路相交）的 12 个区县作为研究的重点区域，采用街道（乡镇）尺度数据；四个远郊区县山区较多，在空间上不再细分，而是采集各区县城区的数据。这样研究区域共包含 243 个区块。需要说明的是，本研究关注的是经济要素，与空间尺度关系并不大，因此，部分远郊区县采用了县尺度数据，未进行细分，这并不影响模拟结果。

本节研究用到四套数据，分别为：住房价格数据；基于 2010 年地图集数字化的路网数据（包括高速公路、城市快速路、国道、省道、县道、地铁线路等）；第六次人口普查数据（家庭人口数据）；北京市经济活动分布数据。住房价格数据来自房地产中介公司，通过对每个街道或乡镇所能获取的房价进行平均，表征该街道的房价。北京市经济活动分布数据由经济普查数据结合实地调研数据获得，在获取各单位的相关信息后，利用电子地图提供商所提供的地图远程访问接口（API）与 POI（Point of Interest）进行匹配，确定各家企业单位的空间坐标。这套企业数据共有 70 余万条记录，几乎涵盖了北京市所有公司、学校、研究所、医院等工作单位，包括单位的空间位置、资产规模、员工数量等。基于这套企业数据，利用 GIS 空间分析得到详细的北京市就业分布。

7.5.2 主动可达性应用——基于家庭区位需求城市住房价格模拟

家庭的区位选择趋于交通可达性更高的区位，这必然导致交通可达性更高的位置住房价格更高。根据上述交通可达性的讨论，家庭可达性取决于各类企业的空间分布。家庭成员从事不同的经济活动，因此家庭的区位选择是由家庭成员所从事的各类经济活动的可达性共同决定的。由于各类家庭成员有不同的出行需求，因此各类交通可达性对家庭区位选择的影响取决于家庭成员结构。本案例将采用基于“活动”的交通可达性，结合家庭成员结构综合评价家庭可达性，表征各类家庭的区位需求，进而模拟城市的住房价格。

1. 基于“活动”的城市交通可达性评价

区块的交通可达性反映了全市经济活动对该区块的影响，体现了该区块的价值。本案例将城市经济活动分为就业、教育、消费、医疗服务四大类，并利用式（7-4a）分别计算各区块的就业、教育、消费、医疗服务可达性。根据式（7-4a），在评价区块 i 的交通可达性时需要设定各区块 j 的权重（W_j），该权重应表征各区块经济活动机会的大小。本节采用各行业的就业人员规模作为权重，该指标能够很好地体现各类经济活动的机会数量。据此，就业可达性评价采用的是城市各区块就业岗位的总量；同样地，教育、医疗服务、消费可达性评价分布采用教育、医疗服务、其他服务业的就业人数计算。本节未对各类经济活动的机会进行社会经济群体划分。

采用式（7-4a）评价交通可达性还需要求解城市交通成本（g_{ij}）。本节将高速公路、城市快速路、国道、省道、县道、地铁路线进行叠加形成交通路网，并对各级交通线路赋予不同的速度值，从而求解各区块间的最短交通时间。本节并未进行多模式交通评价。在确定权重（W_j）和交通成本（g_{ij}）后，利用式（7-4a）评价各类交通可达性，结果如图 7-1 所示。各区块的评价值表征从该区块出发从事各类活动的便捷度：就业可达性反映了从该区块出发去上班的交通便捷度，教育可达性反映了从该区块出发从事教育活动的交通便捷度（如去上学），消费可达性反映了从该区块出发去购物或其他消费的交通便捷度，医疗服务可达性反映了从该区块出发去看病的交通便捷度。各类交通可达性综合反映了该区块的区位优势。

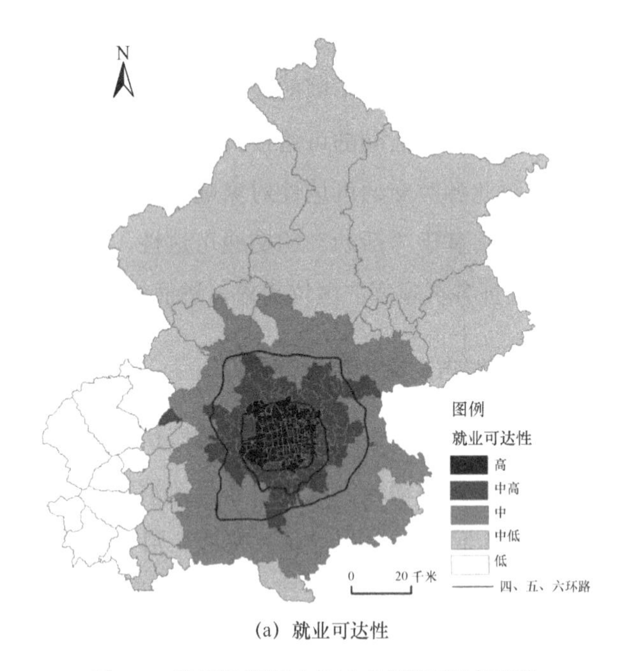

(a) 就业可达性

图 7-1 基于经济活动的城市交通可达性评价

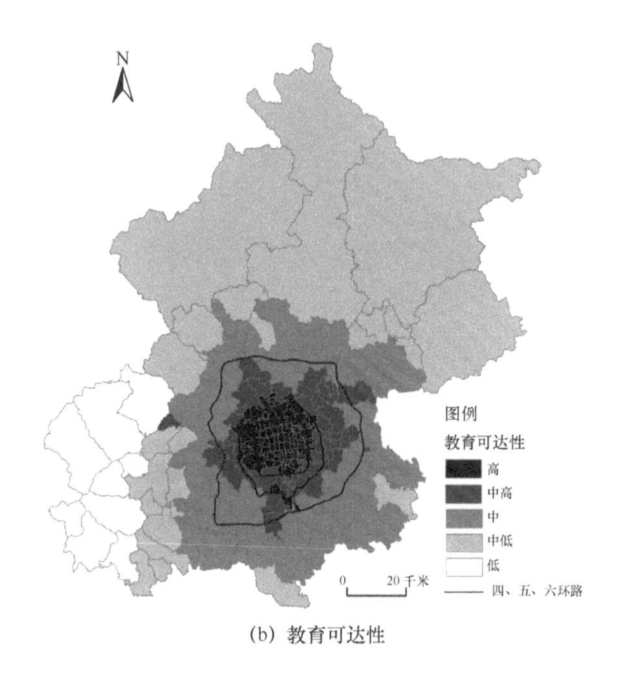

(b) 教育可达性

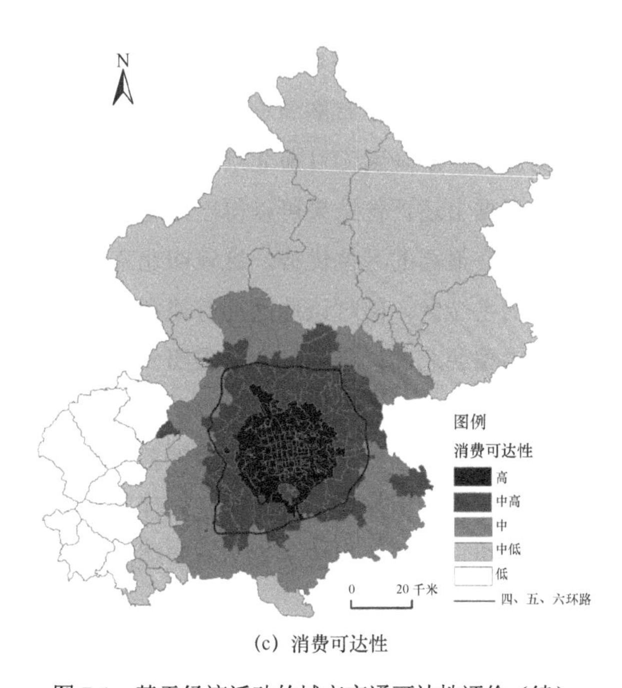

(c) 消费可达性

图 7-1 基于经济活动的城市交通可达性评价（续）

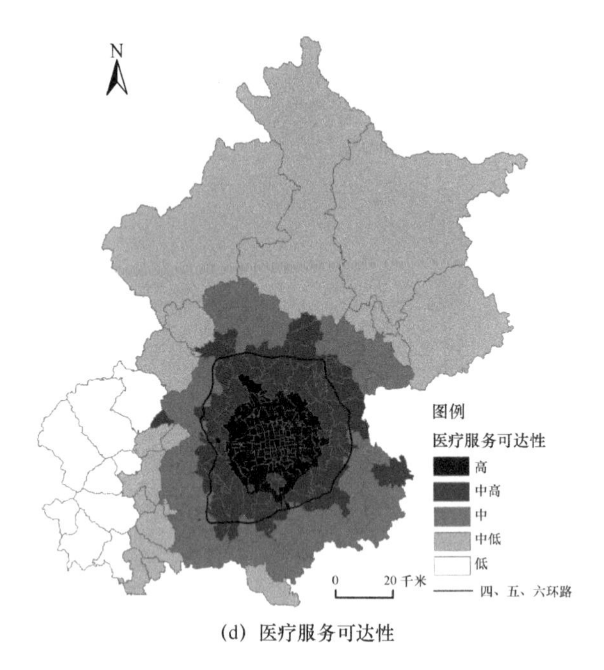

(d) 医疗服务可达性

图 7-1 基于经济活动的城市交通可达性评价（续）

如图 7-1 所示，各类交通可达性均可分为五个等级，即高、中高、中、中低、低。各类交通可达性空间分布格局总体相似，即中心城区较高，由中心城区向郊区呈减弱态势。这是因为目前北京市经济活动分布密度由中心城区向郊区逐渐减小。根据上述评价结果可以得出结论：①就就业出行而言，北京四环路以内仍然具有最高的区位优势，这表明北京目前绝大部分就业机会分布在四环路以内的主城区，同时该地区拥有便利的交通设施；②就教育出行而言，五环路以内偏西北部优势明显，这表明西城区和海淀区拥有很好的教育资源，这是因为该地区有大量优质的中小学和高校，并且该地区的教育出行极为方便；③消费可达性与医疗服务可达性总体上有类似的分布，集中于五环路尤其是四环路内的主城区部分，这是以往“摊大饼式”发展的结果。在目前北京交通状况日益恶化的情况下，合理疏散医疗服务、购物等活动势在必行。

2．家庭需求评价

城市居民通常以家庭为单元选择居住区位，家庭的区位选择是家庭成员区位需求的综合反映。家庭成员一般可分为儿童、工作年龄人口、老年人（退休人员）三大类。各类成员还可以细分（如工作年龄人口可分为有工作的人口和无工作的人口），本书暂不进行讨论。各类家庭成员所从事的活动存在差异，决定其需求不同，例如，儿童需要考虑上学（教育），工作年龄人口需要考虑上班（就业），老年人需要考虑医疗服务。此外，家庭还需要考虑消费出行的便捷度。各类家庭由于成员结构不同，其交通需求会有不同的侧重。例如，两口之家的区位选择主要考虑就业可达性；两个大人带孩子的家庭的区位选择会综合考虑就业可达性和教育可达性；家里有老人的家庭还会考虑医疗服务的便捷度。据此，家庭的区位选择应是对各类成员的出行需求进行综合评价的结果，因此，本节给出家庭可达性的概念，用于表征各区块对于某类家庭而言的交通便捷度。家庭可达性评价需要根据家庭成员结构，综合考量就业、教育、消费、医疗服务等各类交通可达性的结果。

根据家庭可达性的定义，区块的家庭可达性表征了该区块对于家庭的价值。家庭可达性评价需要依据家庭成员结构确定各类经济活动对于家庭的权重，以对各类交通可达性予以加权，这意味着同一个区块对不同家庭有不同的价值。北京市第六次人口普查数据将家庭分为一代户、二代户、三代户、四代及以上户，并有儿童、工作年龄人口、退休人口等信息。基于此，本节可换算出各类家庭平均成员结构，如表7-1所示。

表7-1　各类家庭平均成员结构

家庭类型	家庭比重（%）	儿童（人/户）	工作年龄人口（人/户）	退休人口（人/户）
一代户	50.4	0.34	1.34	0.16
二代户	39.4	0.71	2.71	0.25
三代户	10.1	1.09	4.11	0.32
四代及以上户	0.2	1.47	5.56	0.32

本节参考家庭成员的出行频率，计算各类交通可达性对于各类家庭的权重，如式（7-7）所示。其中，Weight为某类经济活动的权重，也表征了该类交通可达性的权重，Person是某类家庭成员的数量，Frequency是该类家庭成员从事某活动的频率（次数），常数2表示每次出行按来回两次通行计算。

$$\text{Weight} = \text{Person} \times \text{Frequency} \times 2 \tag{7-7}$$

对于就业、教育活动，Person 分别是家庭工作年龄人口或未成年人口的数量，每周按 5 个工作日计算，每个月平均按约 23.7 个工作日计算，每人每月从事活动频率 Frequency 为 23.7 次；对于消费活动，每个家庭每月按 4 次计算（每周 1 次）；对于医疗服务活动，Person 取退休人口数量，Frequency 为每人每月看病频率，按 2 次计算，据此可以确定各类经济活动对于各类家庭的权重，如表 7-2 所示。

表 7-2　各类经济活动对于各类家庭的权重

家庭类型	就业权重	教育权重	消费权重	医疗服务权重
一代户	58.15	14.82	3.68	0.32
二代户	117.66	30.99	7.35	0.50
三代户	178.50	47.10	11.03	0.64
四代及以上户	241.26	63.87	14.71	0.65

基于上述权重，对于各类经济活动的可达性进行加权，得到家庭可达性，如式（7-8）所示。其中，A_i^v 是区块 i 对于 v 类家庭的家庭可达性；$A(J)_i$、$A(E)_i$、$A(S)_i$、$A(M)_i$ 分别是区块 i 的就业、教育、消费、医疗服务可达性；$w(J)_v$、$w(E)_v$、$w(S)_v$、$w(M)_v$ 分别是各类交通可达性对于 v 类家庭的权重。

$$A_i^v = A(J)_i w(J)_v + A(E)_i w(E)_v + A(S)_i w(S)_v + A(M)_i w(M)_v \tag{7-8}$$

家庭可达性评价结果在每个区块有四个值，分别表征该区块对于一代户、二代户、三代户、四代及以上户的交通可达性。适合一代户家庭居住选址的区块，未必适合二代户、三代户。

如图 7-2 所示，各类家庭可达性的分布总体上呈现由中心城区至远郊区县逐渐降低趋势。这是因为各类经济活动的空间分布集中于中心城区，并由中心城区至远郊区县密度逐渐减小，但分布细节并不相同，每个区块的各类家庭可达性评价值并不相同。对于房地产开发而言，在不同的位置可以依据家庭需求确定房屋户型，例如，一代户需求强烈的位置适合开发小户型，四代及以上户可达性较高的位置适合开发大户型。本节相关研究为之提供了可靠的参考。本节的重点是实现对住房价格的模拟，这里不对各类交通可达性的空间差异进行深入分析，下面进一步探讨家庭需求与房价分布的相关性。

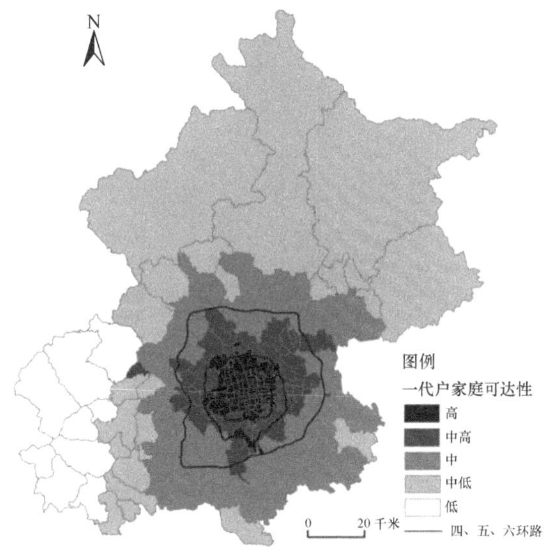

(a) 一代户家庭可达性

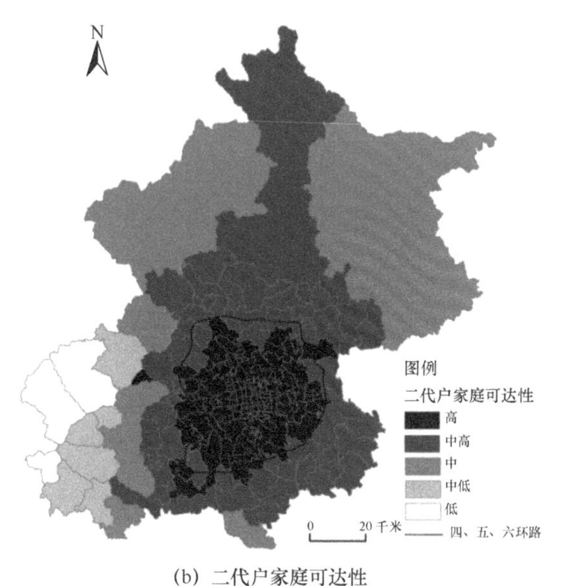

(b) 二代户家庭可达性

图7-2 区块的家庭可达性

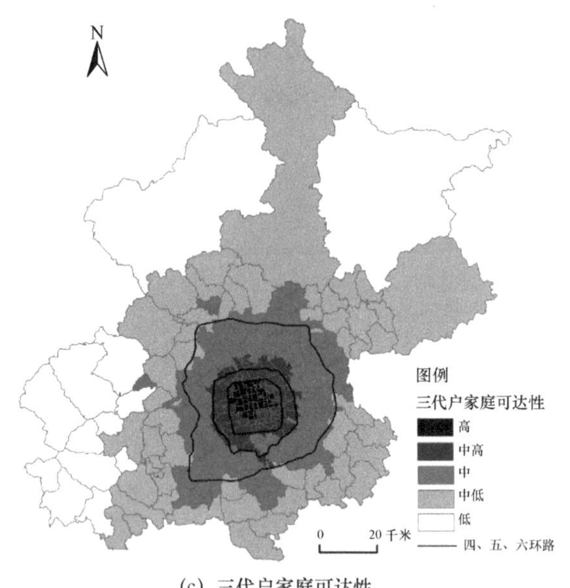

(c) 三代户家庭可达性

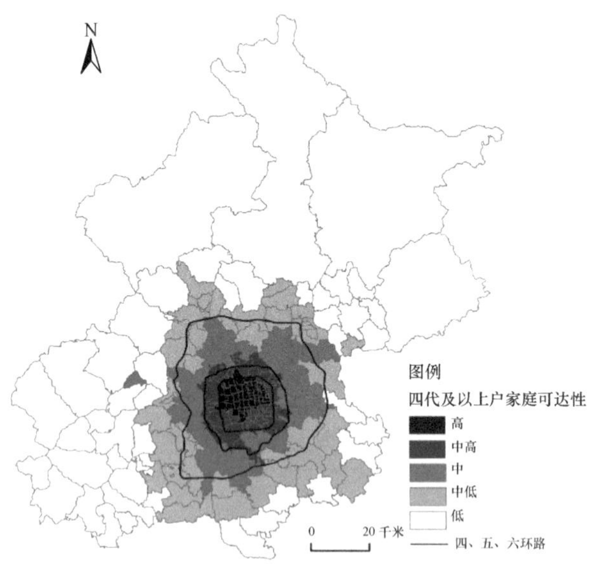

(d) 四代及以上户家庭可达性

图 7-2 区块的家庭可达性（续）

3. 基于家庭区位需求的住房价格模拟

家庭可达性反映了家庭对区块的需求程度，各类家庭可达性共同影响住房价格。初步判别得出，家庭可达性与住房价格分布成幂函数关系，因此，本节设定函数形式如式（7-9）所示。

$$P_i = \mathrm{HACC}_{i,1}^{m1} \cdot \mathrm{HACC}_{i,2}^{m2} \cdot \mathrm{HACC}_{i,3}^{m3} \cdot \mathrm{HACC}_{i,4}^{m4} \cdot \varepsilon \tag{7-9}$$

式中，P_i 为区块 i 的住房价格，$\mathrm{HACC}_{i,j}$ 是区块 i 对于 j 类家庭的家庭可达性，mi 是待定指数。首先，对该函数取对数，将其变换为线性函数；然后，采用 OLS 方法进行回归分析，结果如表 7-3 所示。结果显示，模型在全市范围内达到了较为理想的拟合效果，这表明基于家庭需求可以很好地模拟住房价格，也佐证了家庭可达性的评价能够很好地反映家庭需求，为住房价格的模拟分析研究提供了很好的途径。

表 7-3 家庭区位需求与住房价格回归分析结果

变 量	变量描述	指 数	指 数 值	*T* 检 验
$\mathrm{HACC}_{i,1}$	区块 *i* 对一代户的家庭可达性	*m*1	0.002	不显著
$\mathrm{HACC}_{i,2}$	区块 *i* 对二代户的家庭可达性	*m*2	排除	不显著
$\mathrm{HACC}_{i,3}$	区块 *i* 对三代户的家庭可达性	*m*3	0.004	不显著
$\mathrm{HACC}_{i,4}$	区块 *i* 对四代及以上户的家庭可达性	*m*4	0.74	17.20**

注：R^2=0.70，**表示在 99%水平上显著。

由表 7-3 可知，在各个变量中，一代户、二代户、三代户的家庭可达性均不显著，而四代及以上户的家庭可达性与住房价格分布表现出极高的相关性。规模不同的家庭人口结构存在巨大差异，一代户、二代户、三代户的家庭成员较少。上述结果表明，当家庭成员数量较少时，其出行需求相对单一。相对而言，四代及以上户的家庭成员数量较多，出行需求也较为全面，其区位选择须综合考虑多方面的需求。四代及以上户的家庭可达性与住房价格的相关性最为显著，这也印证了城市住房价格是各类经济活动共同作用的结果。另外，二代户的家庭规模虽然高于一代户，但其与城市住房价格的相关性最弱，在回归分析中被排除。二代户通常有孩子上学（教育活动），其居住区位选择受教育资源分布影响较大，这也说明在全市范围内教育资源分布并非住房价格的关键影响因素，原因可能是，重点中小学会提升周围住房价格，但其影响仅局限于其周围小范围内，尤其是学区内。除此之外，在以往计划生育政策的影响下，多数家庭只有一个孩子，因此入学教育只是家庭的阶段性需求。

4. 关于交通可达性与住房价格的结论与讨论

城市是交通系统与土地利用相互作用的有机整体，现有研究通常采用位置关系刻画住房价格的空间异质性，而对于住房价格与全市交通系统、经济活动分布的关系关注较少。本章案例基于交通可达性探讨了城市交通、经济活动与住房价格异质性的内在联系，阐释了基于“活动”的交通可达性评价方法的有效性。本节利用所构建模型明晰了交通可达性的评价原理，评价了城市就业、教育、消费、医疗服务等活动的交通可达性，并在此基础上模拟分析了家庭的区位需求与住房价格的关系。

首先，构建了交通可达性评价模型，该模型综合考虑全市范围内的经济活动分布和交通条件，分“活动”评价交通可达性。该模型体现了每个区块的区位可达性是城市所有经济活动对其作用的结果，体现了城市经济活动相互作用的基本规律。

其次，构建了家庭可达性评价方法，依据家庭成员结构评价家庭的区位需求。家庭是进行住房选择的基本单元，从家庭需求的角度出发有利于系统、全面地研究城市住房分布影响因素。家庭的区位需求是家庭成员需求的综合反映，同一个区块对于不同家庭的价值不同。该模型为房地产开发在不同区位针对何种家庭、建筑何种户型提供了有益参考。

最后，基于家庭需求模拟城市住房价格，且在全市范围内达到了很好的模拟效果。四代及以上户家庭的区位需求与住房价格的空间分布显著相关。通常来说，家庭随着规模增长会分为多个小规模的家庭，四代及以上户家庭是未分家的大家庭，成员较多，有多种出行需求，也印证了各类经济活动共同影响住房价格，模型为模拟城市住房价格提供了很好的途径。

除了理论贡献，本节还对实际的政策制定有所助益。北京市实施“以业带人”调整城市空间结构，目标是通过调整经济活动空间格局实现对人口的带动。本节所提出的模型刻画了交通系统、经济活动与住房价格的定量关系，在经济活动或交通数量发生变化时，模拟结果将随之变化，有助于开展政策检验。具体而言，区块内的机会数量和到其他区块的交通成本发生变化将导致可达性评价结果发生变化，住房价格模拟结果也将随之改变，为分析政策影响提供了前提。

本节将经济活动分为就业、教育、消费、医疗服务四大类，囿于数据的限制未做进一步细分，如休闲娱乐、文化活动等，但在未来的研究中应对此有所应对。本节在计算交通条件时，基于城市交通网络求解最短路径，而实际交通状况受需求与供给共同影响，如道路的通行能力和需求量等。为此，构建更为智能的交通模型，计算城市交通综合费用（g）也是进一步的研究工作。此外，本节只考虑了单一交通模式，而实际上存在不同交通模式（如公交、自驾），不同的交通模式对于距离的敏感度不同。针对这些亟须改进之处，前文所述方法也给出了详细的提升途径。

7.5.3 被动可达性

与家庭可达性不同的是，企业区位选择侧重于被动可达性。同样按上述企业分类，分别评价就业、教育、医疗服务、消费几类经济活动的被动可达性。就业可达性评价，根据式（7-4b），在评价区块 i 的被动可达性时需要设定区块 i 的权重（W_i），该权重应能表征各区块机会的数量。就业可达性评价采用的是各区块工作年龄人口的数量，教育可达性、医疗服务可达性、消费可达性评价分布采用的是学龄人口数量、老年人数量、人口数量（消费者数量）。类似地，本节未进一步区分社会经济群体。如图 7-3 所示为北京就业、教育、医疗服务、消费几类经济活动的被动可达性评价结果，表征了各类企业的区位优势。与之对应，图 7-1 给出的是起点可达性，即主动可达性。被动可达性影响商用房价格，本节不再进一步与商用房价格进行回归分析。

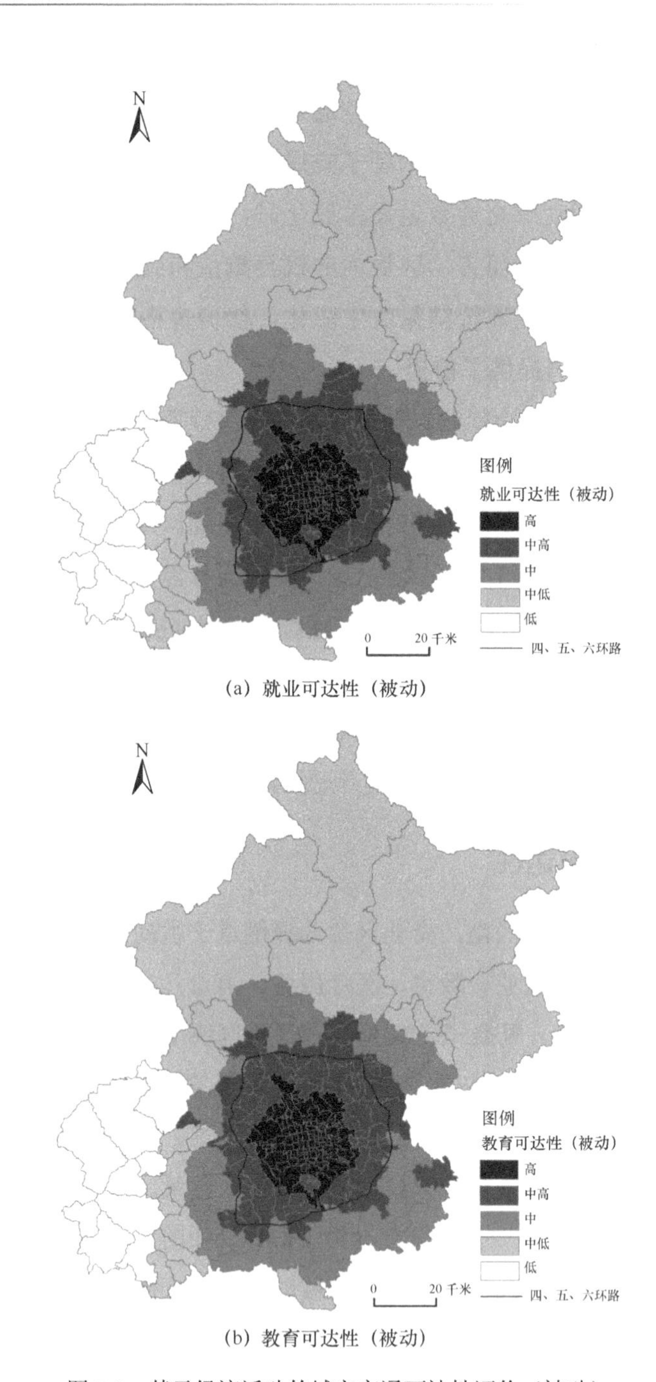

(a) 就业可达性（被动）

(b) 教育可达性（被动）

图 7-3 基于经济活动的城市交通可达性评价（被动）

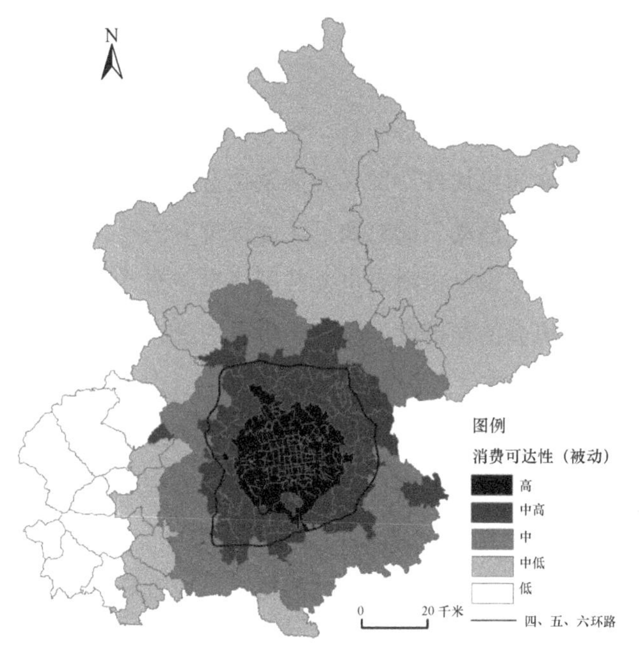

(c) 消费可达性（被动）

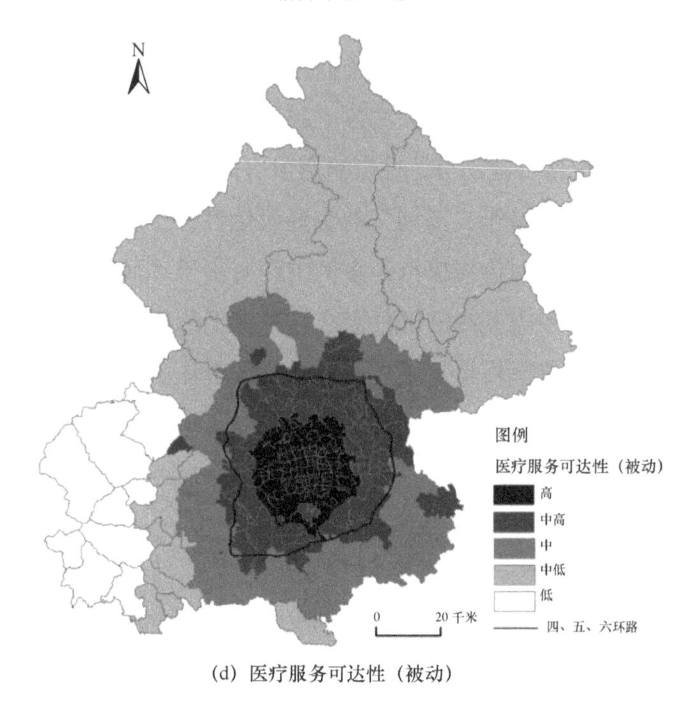

(d) 医疗服务可达性（被动）

图7-3 基于经济活动的城市交通可达性评价（被动）（续）

7.6 本章小结

本章将城市“交通可达性”定义为从某位置出发从事各类经济活动的便捷度，并建立了基于“活动”的交通可达性评价方法。该评价方法认为城市任意位置的交通可达性由全市所有机会共同决定。交通可达性反映的是从该位置出发到达所有机会的便捷度，取决于机会的分布及其到达的交通条件，后者通常表征为交通成本（经济成本或时间成本）。基于“活动”的交通可达性评价方法，依据城市经济活动类型分别评价各类经济活动的交通可达性，表达到达各类经济活动机会的便捷度，然后根据家庭成员结构确定各类家庭的经济活动需求，综合评价各类家庭可达性。

本章提出主动可达性和被动可达性的概念。前者表征从起点出发到达各类经济活动机会的便捷度，后者表征某区块作为终点被到达的便捷度。依据经济活动类型的不同，主动可达性对终点的机会有不同的定义，如教育可达性（主动）关注于教育机会的分布；类似地，被动可达性对起点的机会定义也有所不同，例如，超市或商场关注各“起点”的人口（消费者）分布。主动可达性影响住房价格，被动可达性影响商用房价格。

本章的最后给出了基于“活动”的交通可达性评价方法的案例应用——基于家庭需求的城市住房价格模拟。案例中利用基于“活动”的交通可达性评价方法评价了城市各类家庭的区位需求，并基于此模拟了城市住房价格，达到了很好的模拟效果。模拟结果显示，影响城市住房价格的最关键因素是就业可达性。

参考文献

[1] Alonso W. Location and Land Use[M]. Cambridge, MA: Harvard University Press, 1964.

[2] Christaller W. 1933. Central Place in Southern Germany[M]. Translated by C. Baskin. London: Prentice Hall, 1966.

[3] Guti J. Location, Economic Potential and Daily Accessibility: An Analysis of The

Accessibility Impact of The High-Speed Line Madrid-Barcelona-French Border[J]. Journal of Transport Geography, 2001: 9(4): 229-242.

[4] Hansen W G. How Accessibility Shapes Land Use[J]. Journal of the American Institute of Planners, 1959, 25: 73-76.

[5] Harris C D, Ullman EL. The Nature of Cities[J]. The Annals of The American Academy of Political and Social Science, 1945, 242(1): 7-17.

[6] Harris C D. The Market as A Factor in The Localization of Industry in The United States[J]. Annals of the Association of American Geographers, 1954, 44(4): 315-348.

[7] Kwan M P, Murray A T, Tiefelsdorf M. Recent Advances in Accessibility Research: Representation, Methodology and Applications[J]. Journal of Geographical Systems, 2003, 5(1): 129-138.

[8] Linneker B J, Spence N A. An Accessibility Analysis of The Impact of the M25 London Orbital Motorway on Britain[J]. Regional Studies, 1992, 26(1): 31-47.

[9] Lowry I S. A Model of Metropolis [M]. Santa Monica, CA: Rand Corp, 1964.

[10] McFadden D. Modelling the choice of residential location[A]. In: Karlquist, A. et al. (eds.). Spatial Interaction Theory and Residential Location. Amsterdam[M]. North Holland, 1978, 75-96.

[11] Morris J M, Dumble P L, Wigan MR. Accessibility Indicators for Transport Planning[J]. Transportation Research Part A: General, 1979, 13(2): 91-109.

[12] Torrens, P M. How Land-Use Transportation Models Work[R]. London: Centre for Advanced Spatial Analysis, 2000.

[13] Wegener M. Overview of Land-Use Transport Models[A]. In: Transport Geography and Spatial Systems[M]. Oxford: Elsevier, 2004.

[14] 陆大道. 区域发展及其空间结构[M]. 北京：科学出版社，1995.

[15] 杨家文，周一星. 通达性：概念、度量及应用[J]. 地理学与国土研究，1999（2）：62-67.

第8章

城市活动区位模拟

经过前面章节的铺垫，本章将以北京为例，进一步阐述 ActSim 模型的构建过程。本章要阐述的区位模型是 ActSim 模型的核心部分。区位模型将对前面章节所描述的子模型予以集成，预测城市家庭和企业的空间分布格局，并基于计算机算法模拟城市空间的演进过程。

8.1 城市活动区位模型

城市活动区位模型首先根据区位成本、交通可达性等影响因素（作为案例，暂且选择这两个最重要的影响因素）综合评价各区块的区位条件，进而根据评价结果，结合房屋分布确定家庭和企业的区位，即各个区块的家庭或企业的数量。

8.1.1 区位评价

基于“活动”的 ActSim 模型针对各类“活动”分别评价区位。家庭的区位选择是对各类影响因素综合测评的结果（牛方曲等，2016）。将各类影响因素综合为一个表征区位价值的指标，称为家庭区位效用。家庭区位效用反映了区块对于家庭的价值或吸引力。若将家庭细分为多个类型，则区块的家庭区位效用评价应针对各类家庭分别开展，即

$$V_{t+1,i}^{H} = \theta^{U} \cdot U_{t+1,i}^{H} + \theta^{A} \cdot A_{t+1,i}^{H} \tag{8-1a}$$

式中，$V_{t+1,i}^{H}$ 是区块 i 在 t+1 年份对于 H 类家庭的区位效用；$U_{t+1,i}^{H}$ 为区块 i 在

t+1 年份对于 H 类家庭的消费效用；$A_{t+1,i}^{H}$ 为区块 i 在 t+1 年份对于 H 类家庭的可达性；θ^U 和 θ^A 分别为系数，表征各指标的权重。

类似地，将各指标进行综合，形成一个表征区位价值的指标，称作企业区位效用。企业区位效用反映了区块对于企业的价值或吸引力。若将企业细分为不同的类型，则企业区位效用需要针对各类企业分别评价，即

$$V_{t+1,i}^{e} = \theta^{C} \cdot C_{t+1,i}^{e} + \theta^{A} \cdot A_{t+1,i}^{e} \tag{8-1b}$$

式中，$V_{t+1,i}^{e}$ 是区块 i 在 t+1 年份对于 e 类企业的区位效用；$C_{t+1,i}^{e}$ 为区块 i 在 t+1 年份对于 e 类企业的区位成本；$A_{t+1,i}^{e}$ 为区块 i 在 t+1 年份对于 e 类企业的可达性；θ^C 和 θ^A 分别为系数，表征各指标的权重。

8.1.2 城市活动区位模型构建

城市活动区位模型用于确定城市活动的空间分布格局。家庭和企业是城市居民从事相关活动的场所，因此，城市活动区位模型的构建是为了求解家庭和企业的分布格局。

1. 家庭区位模型构建

家庭区位（居住区位）模型用于计算城市家庭空间分布格局，确定各个区块中家庭的数量。家庭区位模型将依据城市区位效用（V）确定家庭空间分布。由于家庭选址不仅考虑各影响因素的绝对值，同时会参考各影响因素的变化趋势，因此，本节基于城市区位效用的变化（增量）建模。

此外，根据集聚效应，各类家庭的区位选择倾向于已有家庭居住的区块，同时受可用的住房数量影响（居住类房产分布）。由于研究人员不可能知道每个人是如何评估各个区块的，所以本书选择构建离散选择模型。离散选择模型认为，误差项相互独立且均匀分布。基于上述讨论，家庭对区位的评价可以看作一系列影响因素的函数，基于离散选择模型（McFadden, 1978）建立的家庭区位模型如式（8-2）所示。

$$H(L)_{t+1,i}^{H}=H(M)_{t+1}^{H}\frac{H_{ti}^{H}\cdot F(A)_{t+1,i}\cdot\exp\left(\Delta V_{t+1,i}^{H}\right)}{\sum_{i}\left\{H_{ti}^{H}\cdot F(A)_{t+1,i}\cdot\exp\left(\Delta V_{t+1,i}^{H}\right)\right\}}\tag{8-2}$$

式中，$H(L)_{t+1,i}^{H}$ 是 $t+1$ 时段内迁入区块 i 的 H 类家庭的数量；$\Delta V_{t+1,i}^{H}$ 是在 $t+1$ 时段内区块 i 中 H 类家庭的区位效用的变化量；$H(M)_{t+1}^{H}$ 是 $t+1$ 时段城市内搬迁家庭（H 类）的总量；H_{ti}^{H} 是 t 时段（通常为上一年）区块 i 中 H 类家庭的数量；$F(A)_{t+1,i}$ 是 $t+1$ 时段可用住房数量（面积），本节不再对住房进行分类。另外，如果规定 H 类家庭住进 H 类用房，那么需要先对住房进行分类，$F(A)_{t+1,i}$ 应更改为 $F(A)_{t+1,i}^{H}$。

2．企业区位模型构建

企业区位模型用于确定企业空间分布，即经济活动空间分布。本节采用企业（经济活动）的就业人数而非企业数量表征经济活动规模，因此，企业区位模型的输入是各类就业人数的空间分布格局。企业区位模型关注于“居住—工作”的相互作用，即通勤，企业的区位选择受家庭分布，即被动可达性的影响，同时受原有企业分布和商用房供给的影响，据此可建立与家庭区位模型形式类似的企业区位模型，即

$$E(L)_{t+1,i}^{e}=E(M)_{t+1}^{e}\frac{E_{ti}^{e}\cdot F(A)_{t+1,i}\cdot\exp\left(\Delta V_{t+1,i}^{e}\right)}{\sum_{i}\left\{E_{ti}^{e}\cdot F(A)_{t+1,i}\cdot\exp\left(\Delta V_{t+1,i}^{e}\right)\right\}}\tag{8-3}$$

式中，$E(L)_{t+1,i}^{e}$ 是 $t+1$ 时段内迁入区块 i 的 e 类企业规模（用就业人数表征）；$\Delta V_{t+1,i}^{e}$ 是 $t+1$ 时段内区块 i 中 e 类企业的区位效用的变化量，类似家庭区位效用，企业区位效用评价采用的指标是企业可达性和房租；$E(M)_{t+1}^{e}$ 是 $t+1$ 时段城市内需要搬迁的企业总数量；E_{ti}^{e} 是 t 时段（上一时段）内区块 i 中 e 类企业的数量；$F(A)_{t+1,i}$ 是 $t+1$ 时段内区块 i 中可用的企业用房数量（面积）。类似住房区位模型，本节未对企业用户（商用房）进一步分类，如果规定 e 类企业只能使用 e 类企业用房，则 $F(A)_{t+1,i}$ 必须更换为 $F(A)_{t+1,i}^{e}$，即 e 类企业用房的数量。

8.2 城市空间演化过程模拟

8.2.1 城市空间演化模拟算法

上述一系列模型处理之后，输出的是家庭和企业的空间分布格局，即土地利用格局。根据城市土地利用与交通相互作用理论，城市空间演化过程是土地利用与交通系统不断相互作用的过程，交通系统通过可达性影响土地利用（社会经济活动分布），而土地利用反过来影响交通系统，两者循环作用，趋于平衡状态。任何因素的变化都将导致城市系统趋于新的平衡状态，因此，城市家庭人口与企业分布处于持续变化过程中。为此，本节基于计算机算法（ActSim 模型算法）模拟上述过程，如图 8-1 所示。

如图 8-1 所示的算法是对前文所述模型的集成应用，其算法思想如下。

（1）交通模型基于 t 年份的社会经济活动分布、交通成本计算城市交通可达性，包括各类经济活动的主动可达性、被动可达性；

（2）模拟城市和企业的变迁过程，预测家庭和企业的规模变化；

（3）根据房租和家庭收入计算各区块的消费效用，根据房租计算企业的区位成本；

（4）基于交通可达性及区位成本计算各区块的区位效用；

（5）依据区位效用、房屋分布，利用区位模型计算家庭/企业空间分布，至此城市社会经济活动密度分布发生变化；

（6）家庭/企业空间分布的变化导致房租发生变化，调整房租重复上述过程，直至满足循环结束条件算法终止，此时的城市空间分布状态即 $t+1$ 年份的预测值。

在上述算法中，循环结束条件指的是两次循环结果无变化或变化很小。利用 $t+1$ 年份的预测值，加之政策情景设置可进一步预测 $t+2$ 年份的家庭/企业空间分布格局。以此类推，逐年预测未来城市的空间分布状况。在该算法或城市系统中，无论是土地利用（房屋格局）的变化，还是交通设施的变化（可达性变化），均会使城市系统趋于一个新的平衡状态。

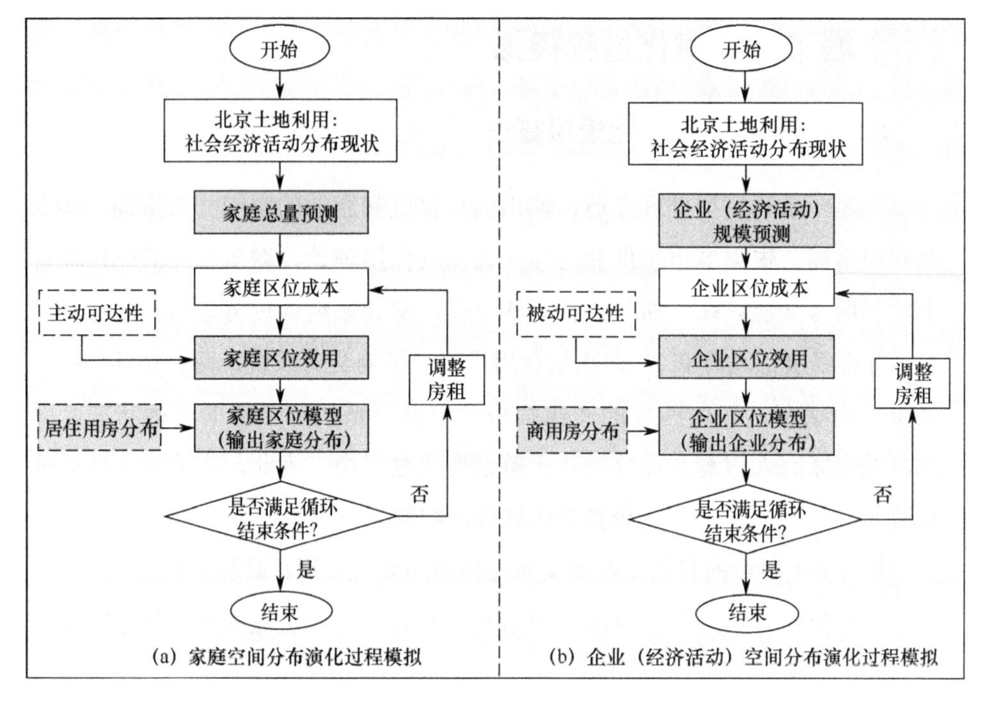

图 8-1　ActSim 模型算法

上述算法中隐含着房租调整模型。房租（房价）是影响城市区位效用的关键因素之一。区位模型计算出城市家庭或企业的空间分布格局后，由于家庭或企业对房屋的需求发生了变化，房租必然随之发生变化。房租调整模型用于实时模拟新的房租，新的房租将再次被用于计算家庭或企业的空间分布格局。房租调整模型依据房屋的需求与供给（Albouy et al.，2014；Mumtaz，1995），并参考上一年的房租模拟新的房租。某区块对房屋需求越大（家庭/企业数量越多），区块的房租越高。如式（8-4a）所示为居住用房房租预测模型。

$$r_{pi}^{\prime h}=r_{pi}^{h}\left[\frac{a_{pi}^{h}\cdot H(L)_{pi}}{F(A)_{pi}^{h}}\right] \tag{8-4a}$$

式中，$r_{pi}^{\prime h}$ 是区块 i 内新的居住用房房租；r_{pi}^{h} 是上一次循环计算出的房租（若是第一次循环，则用 t 年份的房租）；a_{pi}^{h} 是区块 i 内家庭的分布密度（实际上是分布密度的倒数），即平均一个家庭的住房面积；$H(L)_{pi}$ 是迁入区块 i 的家庭数量；$F(A)_{pi}^{h}$ 是区块 i 中可用的住房总面积。

将式（8-4a）中关于家庭的变量替换为对应的企业变量，即可得到商用房的房租调整公式，如式（8-4b）所示。

$$r'^{e}_{pi} = r^{e}_{pi}\left[\frac{a^{e}_{pi} \cdot E(L)_{pi}}{F(A)^{e}_{pi}}\right] \tag{8-4b}$$

式中，r'^{e}_{pi} 是区块 i 内新的商用房房租；r^{e}_{pi} 是上一次循环计算出的商用房房租（若是第一次循环，则用 t 年份的商用房房租）；a^{e}_{pi} 是区块 i 中企业的分布密度（实际上为分布密度的倒数），即就业人员的平均办公面积；$E(L)_{pi}$ 是迁入区块 i 中的企业数量；$F(A)^{e}_{pi}$ 是区块 i 中可用的商用房总面积。

8.2.2 循环结束条件及其收敛性

循环结束条件是两次循环结果无变化或者变化很小。对此需要预先设定阈值，阈值的大小可以根据实际应用需要设定。

上述算法最后收敛到一个平衡状态，但这要求输入数据准确、合理，以保证算法的收敛性。该问题看似是技术问题，实质上取决于数学模型及输入数据的合理性。在研究过程中，一方面需要确保各子模型科学、合理，另一方面需要确保输入数据符合经济规律。例如，城市存在少数不符合经济规律的过高房租，这样的数据输入系统后，会导致算法发生振荡，陷入死循环。为此，需要采用科学的预处理方法修正不合理的数据，同时确保数据不失真。

8.2.3 土地利用模型与交通模型的作用频率

以家庭空间分布模拟为例，如图 8-1 所示的算法在计算家庭空间分布的时候采用了主动可达性。根据交通可达性评价方法，主动可达性取决于企业空间分布，该算法体现了企业空间分布影响家庭区位选址；类似地，企业区位模拟中采用了被动可达性，而被动可达性取决于家庭空间分布，算法也体现了城市家庭空间分布影响企业选址。由此可见，上述算法体现了职—住城市的空间相互作用。

上述算法的输出为下一个年份（尺度讨论详见下文）的预测值，算法在循环过程中读取的是同一个交通可达性评价值，也就是说在循环过程中没有重新计算交通可达性，即每预测一个年份，才计算一次交通可达性，交通可达性影响下一个年份的城市空间分布。在求解出家庭空间分布后，接着求解企业空间分布，算法是分别运行的，并不是交替运行的。就交通模型与土地利用模型的交互频率而言，可以在计算家庭、企业空间分布后重新计算交通可达性，并再次运行上述算法，甚至可以每循环一次都重新计算交通可达性，但这样模型的交互就会过于频繁，就会影响算法的运行时间。笔者认为，从长时间的预测结果来看，虽然模型的交互频率不同，但预测结果不会有显著差异，而且模型的作用不在于其预测的绝对值，而在于其预测值的相对大小。

8.2.4 模型的时空尺度

ActSim 模型用于模拟城市空间发展过程，预测社会经济活动分布格局。为描述城市空间分布必然需要将城市空间划分为不同的空间单元，每个空间单元内部被认为是均质的，不再考虑其内部差异。LUTI 模型最初的应用城市是 Pittsburgh（Lowry 模型的案例区），该城市及后续在发达国家应用模型的案例城市的面积均相对较小，而中国的大城市，如北京、上海等的面积较大，城市空间单元的划分将直接影响模型的运行效率和数据的收集难度。若空间单元过小，虽然预测得更为精准，但会导致巨大的运算量。虽然随着信息技术的发展，计算机处理能力得到了很大的提高，但小尺度的数据可获得性会成为一大挑战。中国城市的统计数据多以行政区划为单位，通常县级以下的数据很难获取，这也成为 LUTI 模型在中国推广应用的难点。

就时间尺度而言，由于统计数据通常以自然年为单位，因此，可以用 1 年作为最小时间粒度，这也是常用的时间粒度。另外，可以根据需要调整时间粒度，如每 5 年为一个时间单元，来预测未来的城市空间分布状况。无论采用多大的时间粒度，模型在校准的时候，应使用同样的时间粒度数据进行校准。例如，如果模型逐年预测未来城市空间分布状况，就需要采用历史的年度数据对模型加以校准。

ActSim 模型的案例应用关注于北京城市内部空间，综合考虑数据的可获取性、研究的可操作性，在空间上以街道（乡、镇）为研究空间单元。社会经济活动空间数据的采集整备均以街道（乡、镇）为单元。时序上以自然年为时间粒度，逐年模拟预测，如图 8-2 所示。

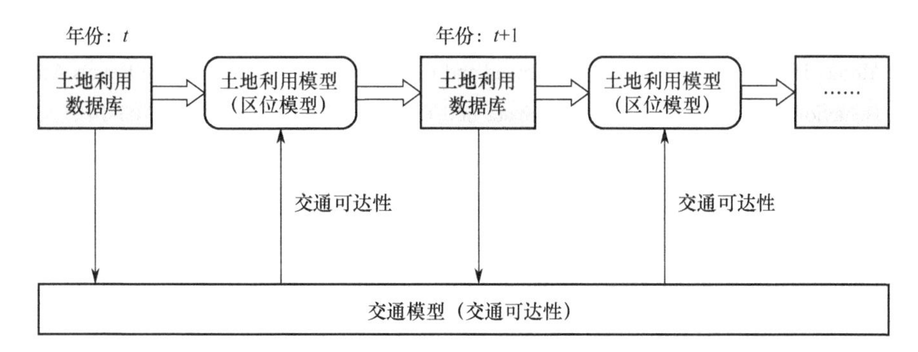

图 8-2 ActSim 模型模拟过程

如图 8-2 所示的土地利用模型与交通模型相互作用过程中，交通模型根据 t 年份的土地利用和交通网络计算出城市交通可达性，然后区位模型调用 t 年份的土地利用数据库及交通可达性计算结果预测 t+1 年份的家庭和企业空间分布情况。区位模型在递归运行过程中不再重复调用交通模型计算交通可达性。

8.3 本章小结

本章构建了区位模型，该模型是 ActSim 模型的核心部分，用于确定家庭和企业的区位，即空间分布。区位模型首先综合交通可达性、区位成本等评价结果（前述章节所述模块的输出）评价区位效用，以表征区块对于各类家庭或企业的价值或吸引力；然后根据区位效用，结合建筑分布确定各类家庭或企业的区位。由于城市家庭和企业的空间分布格局在不断变化，为此本章基于递归算法模拟城市家庭和企业活动的演进过程。区位模型的输出即

ActSim 模型的输入，即未来各区块各类家庭或企业的分布数量。由于不同的应用对时空尺度的要求不同，因此本章对时空尺度、算法收敛性等也进行了讨论。

参 考 文 献

[1] Albouy D and Ehrlich G. Housing Demand and Expenditures: How Rising Rent Levels Affect Behaviour and Costs-of-Living over Space and Time[N]. NBER, (2014) [2016-03-14].

[2] McFadden D. Modelling the Choice of Residential Location[A]//Karlquist A et al. Spatial Interaction Theory and Residential Location. Amsterdam: North Holland, 1978: 75-96.

[3] Mumtaz B. Meeting the Demand for Housing, A Model for Establishing Affordability Parameters[N]. The Bartlett Development Planning Unit, (1995) [2016-03-14].

[4] 牛方曲，刘卫东，冯建喜. 基于家庭区位需求的城市住房价格模拟分析[J]. 地理学报，2016，71（10）：1731-1740.

第 9 章

ActSim 模型应用与讨论

第 4～8 章详细阐明了 ActSim 模型的架构及各个组成部分（子模型）。本章将开展 ActSim 模型应用，通过应用案例展示模型的功能，检验城市土地利用与交通政策的相互影响。

9.1 案例区及数据

北京作为京津冀地区的核心城市，快速的社会经济发展引发环境污染、资源短缺、交通堵塞等一系列大城市病。为了优化北京城市空间，推动其与周边城市协同发展，国家提出京津冀协同发展战略，将逐步疏解北京非首都核心功能至周边地区，为此北京连续三年出台了产业禁限目录。与此同时，随着新一轮国土空间规划的开展，北京正逐步推进乡镇尺度的国土空间规划，旨在对接市、区规划的刚性指标，包括人口规模、建筑规模等。可以预见，在新型城镇化和京津冀协同发展进程中，北京的功能疏解必将引发城市空间重构。为此，模拟城市空间演化过程，科学、前瞻地预判城市空间发展趋势和规划政策影响，对于制定合理的空间政策、落实国家战略、促进北京城市空间可持续发展具有重要意义。本章以北京为案例区开展 ActSim 模型的应用研究。

2010 年，北京共有 18 个区县（之后变更为 16 个），本章以城八区及其周边的近郊区县为研究区域，以街道（乡、镇）为研究空间单元，共有 239 个街道（区块），如图 9-1 所示。

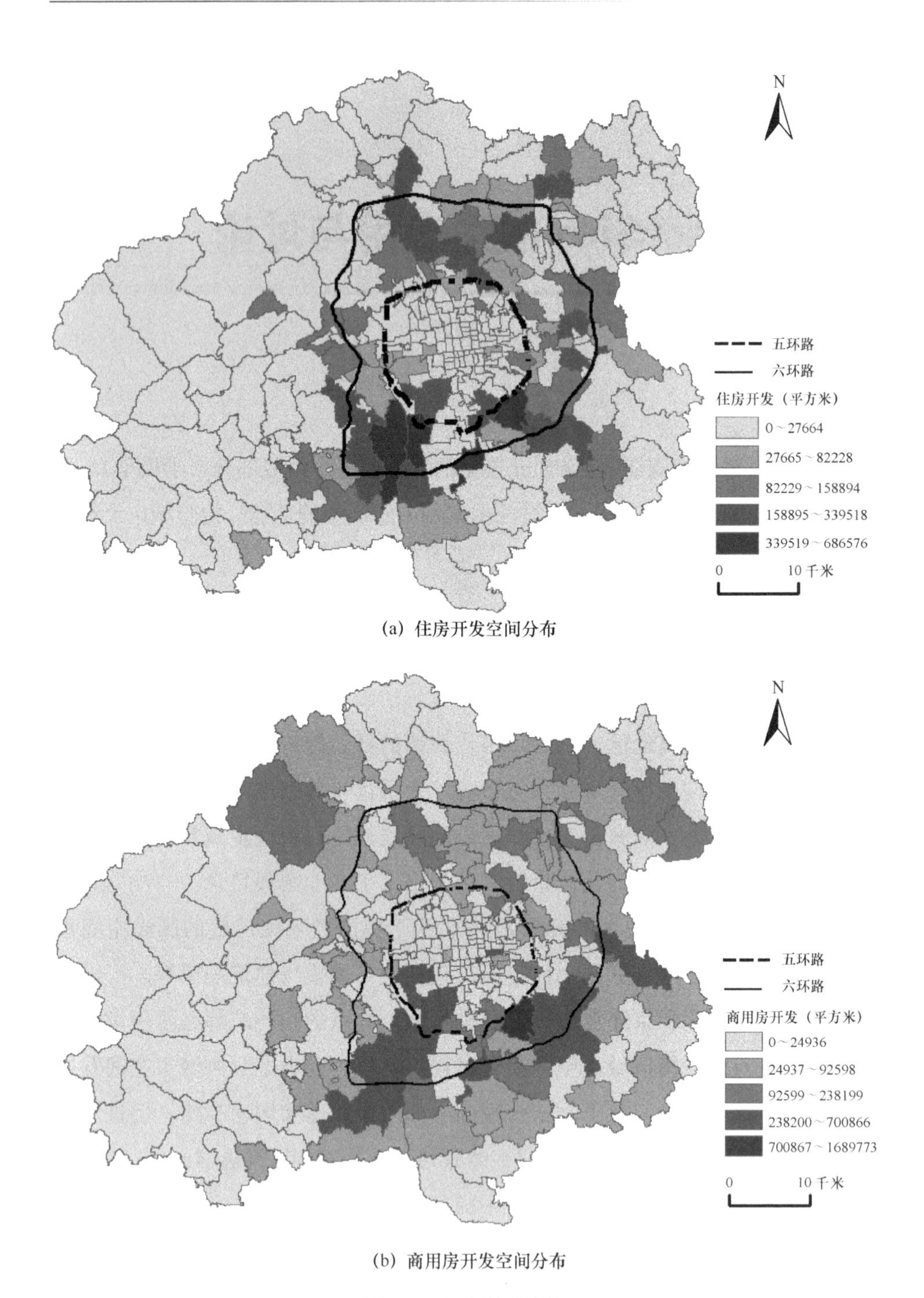

(a) 住房开发空间分布

(b) 商用房开发空间分布

图 9-1　土地利用政策

本案例使用的空间数据包括研究区域的行政区划数据、路网数据（包括高速公路、城市快速路、国道、省道、县道、地铁线路等各级交通线路）。本章将各级道路进行叠加，形成交通网络，计算出两两街道（乡、镇）间的交通成本（最短时间）。交通成本的评价结果是一个 239×239 阶矩阵，表征两两区块之间的交通状况。

在社会经济数据方面，本案例采用北京市第六次人口普查数据，该数据记录了北京各街道（乡、镇）各类家庭及经济活动空间分布。首先，通过电子地图供应商提供的远程访问接口（API 函数）获取包括各个单位基本信息和空间位置的 POI（Point of Interest）数据；然后，将该数据与经济普查数据进行关联匹配，以获取各个单位的空间位置和属性信息，对于少数无法匹配的 POI 数据，采取实地调研的方式进行插补。该数据涵盖了北京市企业、学校、研究所、医院等共 70 余万条记录，基于该数据，采用 GIS 技术可分析得出北京各类就业人员的空间分布格局。

9.2 案例应用 1：土地利用政策情景检验

9.2.1 政策情景设置

ActSim 模型可用于检验城市土地利用政策和交通政策。由于交通系统改变相对缓慢，作为应用案例，本节首先假定在交通系统不变的情况下近几年的土地利用开发政策持续下去，然后利用 ActSim 模型检验其对城市空间分布的影响。

与社会经济活动分类相对应，本节将土地利用（房屋开发）分为两类，即住房开发和商用房开发，并采用面积计量开发规模，如某街道某年住房开发面积为 20 万平方米。该土地利用开发数据根据土地出让数据得出。每年政府都会出让土地给开发商，并规定每个售出地块的用途（住房或商用房等），同时限制其房屋开发面积。本节收集整备了北京 5 年的土地交易数据（2009—2013 年），由此得出各个街道历年开发的各类房屋规模，再加以平均计算出每年平均开发的房屋面积，并以此作为未来每年的房屋开发面积。土地利用开发主要分布在主城区以外的五环路、六环路之间及远郊区县的县城。这也符合北京疏解主城区社会经济活动、建立多中心、减轻交通堵塞的宏观政策。另外，北京主城区目前已经处于高度开发状态，进一步开发建设较为困难、成本高昂。对比住房开发和商用房开发可以看出，商用房开发更为分散，由此可以预见就业将进一步分散化；商用房开发在北京城南地区分布较多，尤其是在亦庄地区。

除了交通政策和土地利用政策，城市社会经济活动规模同样在发生变化，为了预测家庭和企业的规模变化，需要模拟其变迁过程。本案例的主要目标是阐述 ActSim 模型的作用，本节参考近年来人口和企业规模增长的平均速度，设定城市家庭、经济活动的年增长率分别为 2.3%、2.0%。

9.2.2 预测结果

基于上述政策情景设置，本节利用 ActSim 模型预测了截至 2030 年各年份的城市人口和经济活动（企业）空间分布格局。下面对预测结果进行简要分析。

1. 城市人口空间分布格局

北京市 2030 年人口密度空间分布预测情况如图 9-2（a）所示。2030 年，北京市大部分人口仍分布在五环路以内的主城区。这是因为历史上主城区已经被高度开发，聚集了大量的人口和社会经济活动，具有较高的交通可达性。随着时间的推移，仍然有大量人口涌入该区域，加之原有的人口基数，主城区仍然是人口分布最密集的区域。由图 9-2（a）可以直观地看出，交通线路对家庭人口的空间分布影响很大，人们更趋向于居住在交通沿线附近。同时，一些远离中心城区的区块也具有较高的人口密度，这些区块通常位于远郊区县的县城，如昌平城北街道（23）、昌平城南街道（24）、顺义光明街道（77）、顺义胜利街道（78）、房山迎风街道（51）等。

如图 9-2（b）所示为 2010—2030 年人口增长速度空间分布，即 2030 年各个区块人口变化百分比。由图 9-2（b）可知，随着人口数量的逐年增长，越来越多的人口趋向于居住在四环路以外区域。ActSim 模型考虑的主要因素为房租、交通可达性和房产分布，由此可以得出结论，主城区已经高度开发、人口高度密集，致使进一步的房产开发数量较少，同时高昂的房租也阻碍了人口进一步集聚。新增人口的郊区化与土地利用政策相一致。郊区开发

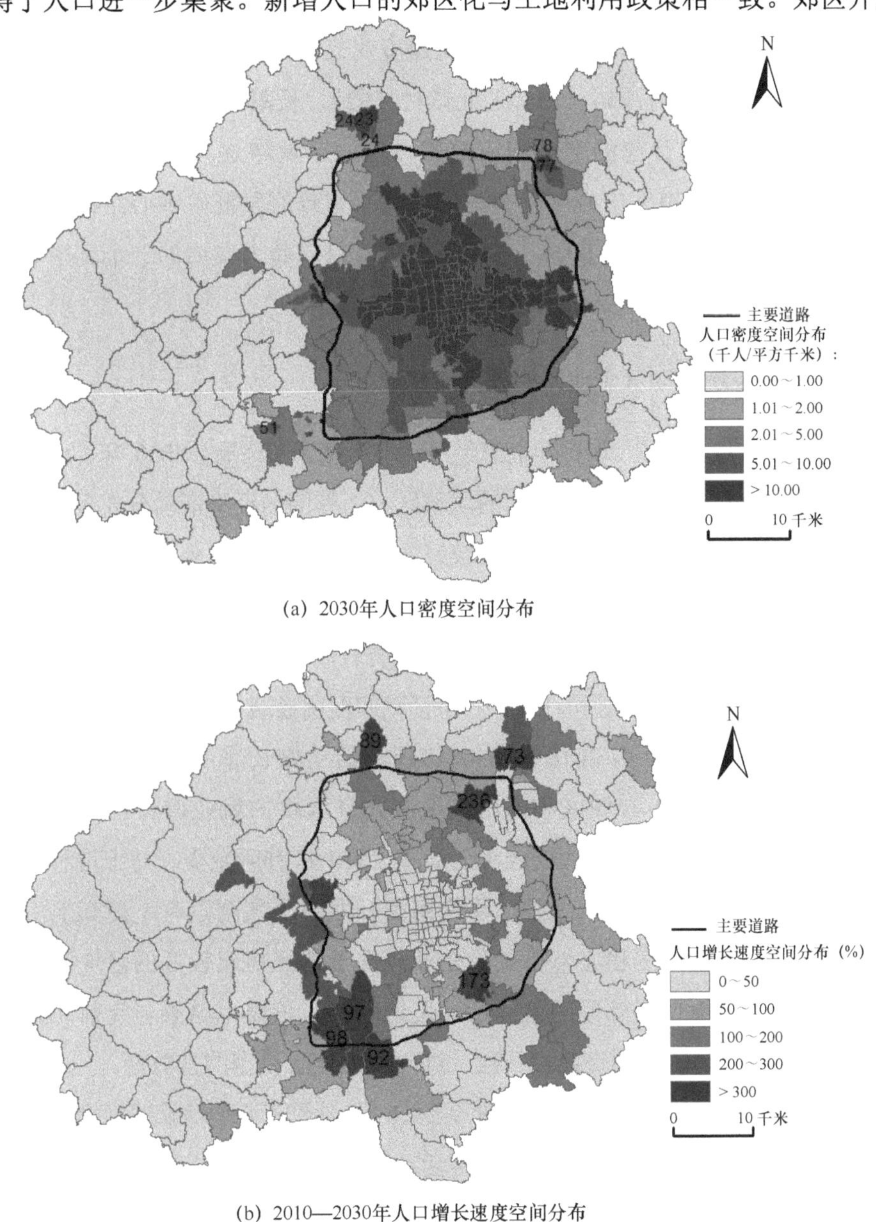

(a) 2030年人口密度空间分布

(b) 2010—2030年人口增长速度空间分布

图 9-2　2030 年人口分布预测

了大量的住房，这使得当地的房租相对降低，而且大量的商用房建设吸引了大批的社会经济活动，进一步提升了当地的交通可达性。

从图 9-2（b）中可以发现，人口增长较为迅速的地区大多位于六环路沿线、五环路和六环路之间。其中，增长速度明显高于周围区域的区块有南邵（89）、马坡（73）、后沙峪（236）、北臧村（92）、长阳（97）、良乡（98）和亦庄（173）。按照目前的土地利用政策，这些区域将逐步发展为城市副中心。这些潜在的城市副中心的分布与目前北京市政府发展多中心结构以缓解交通堵塞的目标相一致。其中，亦庄是大兴区目前着力发展的一个副中心，根据模拟结果，亦庄将逐渐集聚更多人口。

2. 城市经济活动（企业）空间分布格局

图 9-3（a）展示了 2030 年北京经济活动密度分布格局。2030 年，大部分的经济活动仍然分布在四环路以内的主城区，而外围的经济活动分布多集中于交通主干道的附近区域和交通可达性较好的区域。除主城区外，远郊区块中经济活动较为集中的有亦庄（173）、黄村（95）、望京（140）、金顶街（233）。在土地利用政策情景中（见图 9-1），这些区块有较高的房屋开发量，使得其房租相对更低，吸引了更多的公司迁入，经济活动密度明显高于周围地区。

图 9-3（b）显示了 2010—2030 年经济活动增长速度的空间分布。由图 9-3（b）可知，中心城区和西南地区有大量区块的就业增长百分比小于零，这表明 2030 年这些区块的经济活动较 2010 年有所减少。与土地利用政策情景进行对比可以发现，这些区块商用房开发较少甚至没有，而其他房屋开发量较高的区域，房租必然下降，企业趋向于选择房租较低的区块以降低其区位成本，从而使得郊区的就业活动迅速增加。该模拟结果与目前北京疏散主城区经济活动的规划目标相一致，进一步佐证了模型的有效性。

将人口增长速度空间分布［见图 9-2（b）］与经济活动增长速度空间分布［见图 9-3（b）］相对比可以发现，经济活动增长速度在空间上更为分散，郊区的增长速度更高。由此可以得出，在市场驱动下，企业的选址对区位成本（房租）更为敏感。随着郊区商用房的大量开发，郊区商用房房租下降，为降低企业区位成本，大量企业迁入郊区。可以预见，经济活动的外迁将进一步带动家庭人口的外迁。此外，由图 9-3（b）可以发现，经济活动增长速度较高的区块多分布在六环路两侧，这与商用房开发模式［见图 9-1（b）］相似，

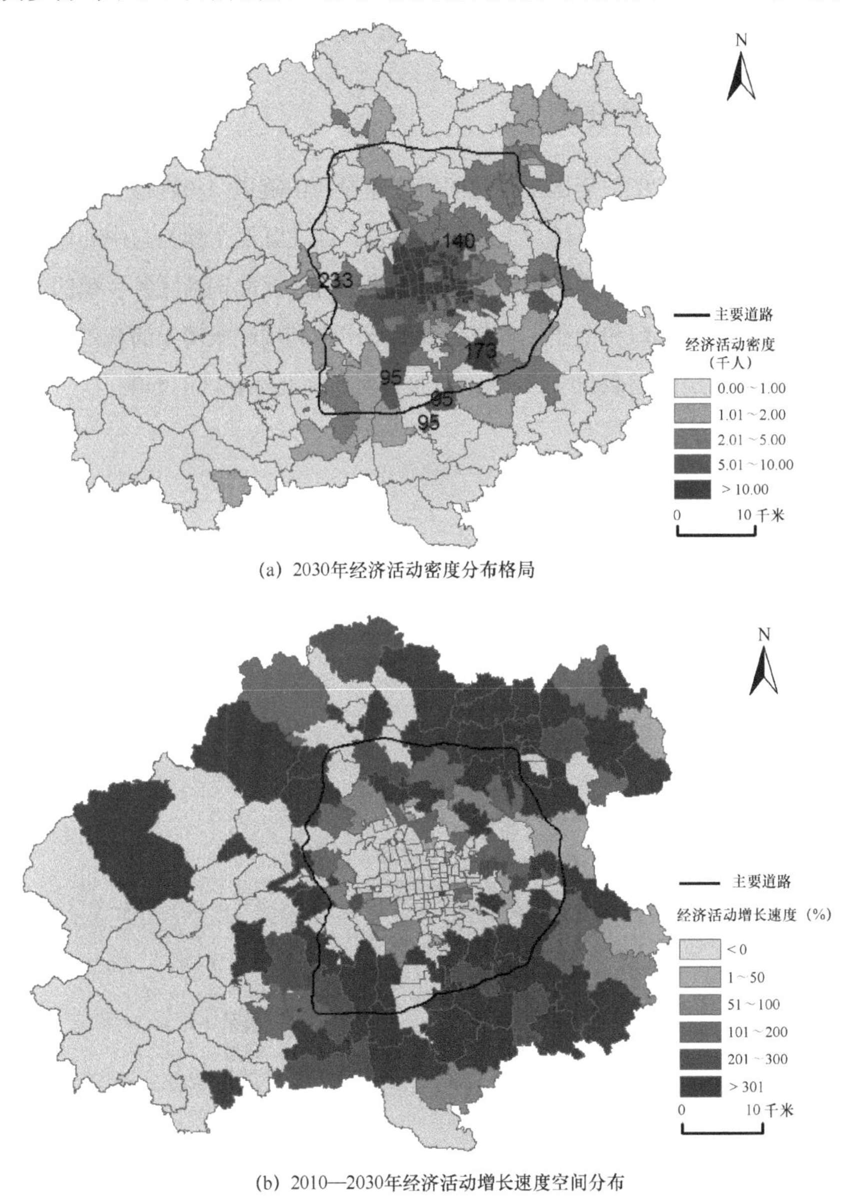

(a) 2030年经济活动密度分布格局

(b) 2010—2030年经济活动增长速度空间分布

图 9-3　2030 年北京经济活动分布预测

反映出政府可以通过土地利用政策引导城市经济活动的空间分布，从而间接控制城市经济活动空间分布格局。

9.3 案例应用 2：交通政策情景检验

9.3.1 政策情景设置

海淀区 2017—2035 年国土地空间规划建设西山隧道，该隧道贯穿西山，连通海淀北部新区（包括苏家坨、上庄镇、温泉、西北旺四个镇）与中心城区，如图 9-4 所示。可以预知，西山隧道的开通必将提升海淀北部新区各乡镇的交通可达性，集聚更多的人口和企业。本节在 9.2 节土地利用政策情景的基础上叠加西山隧道，假设西山隧道 2020 年开通，检验其对海淀北部新区的影响。

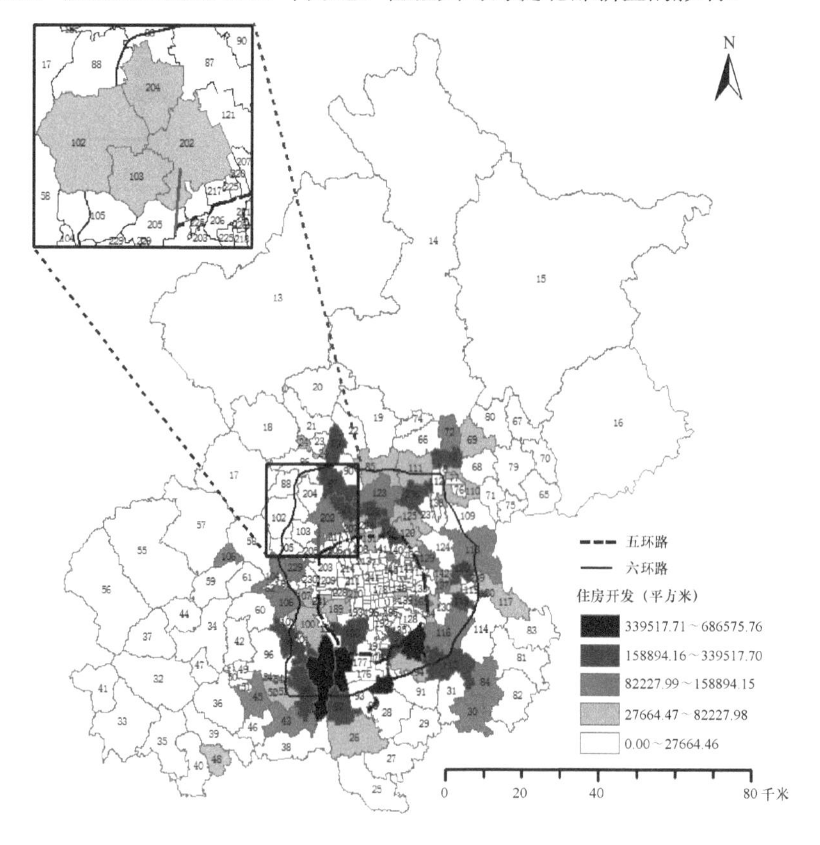

图 9-4　西山隧道规则位置

9.3.2 预测结果

由图 9-5 可知，西山隧道开通后海淀北部新区各乡镇人口、经济活动迅速集聚，然后增速放缓。这是因为人口和企业集聚后，其房租必然上涨，导致其区位成本上升、区位效用下降。随着人口和企业的进一步集聚，其区位优势进一步下降，会逐渐趋于平衡，人口和企业不再集聚。本预测结果是案例应用 2 的模拟结果相对案例应用 1 的模拟结果的差异，该差异被视为西山隧道的影响。关注模拟结果的相对大小是模型的意义所在，模拟结果的相对大小更有意义，这会在后面详细讨论。

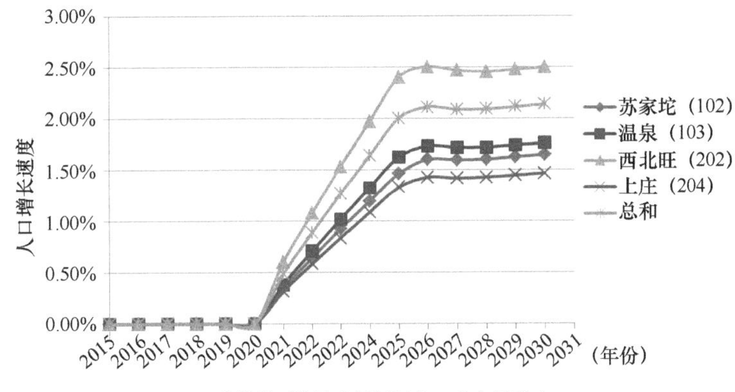

(a) 西山隧道对海淀北部新区人口分布的影响

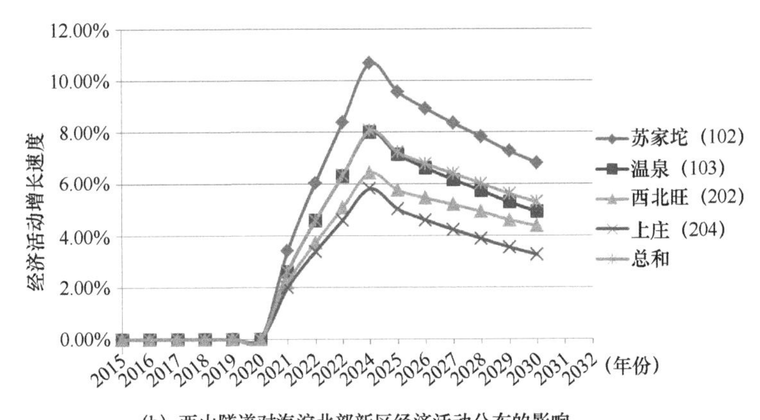

(b) 西山隧道对海淀北部新区经济活动分布的影响

图 9-5 西山隧道对海淀北部新区的影响

城市是一个系统，伴随着海淀北部新区人口和企业空间分布的变化，其他各街道或乡镇也会产生不同程度的变化。基于这个模拟结果，可以进一步分析西山隧道对海淀北部新区各乡镇甚至是对全北京市的影响。需要说明的是，在上述案例应用中，过去的土地利用政策会延续到未来的假设是为了阐述模型的应用而设置的，并不代表官方政策。

9.4 ActSim 模型讨论

9.4.1 模型准确性及应用

准确性是模型的关键考量因素。在 ActSim 模型校准过程中，笔者对比房租的预测值和观测值（实际值），并根据其差异不断调整系数。例如，若所有区块房租的预测值均比观测值大，并且 R 检验小于 0.50，那么与房租有正相关关系的系数就会被减小 0.5%；反之亦然。其他系数的调整与之类似，直到预测值与观测值相近。将 2014 年房租的预测值与观测值对比，相关性 R^2 为 0.7，据此确定了模型的准确性。

但得承认，ActSim 模型很难准确地预测城市的未来，也不存在可以准确预测未来的模型。城市是一个复杂的巨系统，其发展过程受多种因素影响，包括无法预知的因素。因此，就 ActSim 模型的应用而言，其模拟的相对值更有意义，而非绝对值。相对值包括两个方面，一是对比不同政策情景，比较其模拟值差异，例如，对比某一政策情景实施前后的模拟结果，其差异就是政策影响；二是不同区块模拟值的相对大小，即模拟值的空间分布。笔者认为，这两个方面对于辅助决策具有重要的参考作用。

LUTI 模型理论被认为描述了城市空间演化规律，因此在本模型框架下，加以不同程度的修改和校准就可以进一步应用于其他城市。通过更多的案例应用对比，在变量选择、参数设置等方面不断改进，可以逐步完善模型。本模型的构建与应用有助于推动 LUTI 模型在国内的推广应用，辅助城市空间决策，丰富和发展国内城市可持续发展模拟分析学科的研究内容。

9.4.2 模型的限制性与改进

Lowry 模型（Lowry，1964）是 LUTI 模型发展的里程碑。较之最初的 Lowry 模型，ActSim 模型是动态模型，其允许各个要素随时间变化，从而预测不同年份的城市空间状况。ActSim 模型的迭代过程最终收敛于一个平衡状态，因此，ActSim 模型依然是一个平衡模型。有观点认为，由于供需的脱节，城市空间发展只能趋于而不能达到平衡状态（Kryvobokov et al.，2013；Torrens，2000）。因此，相对于城市空间的动态过程而言，ActSim 模型属于“准动态模型”。

在案例应用中，城市区位效用评价过程主要考虑了交通可达性和区位成本，但城市社会经济活动的区位选择存在多种影响因素，如家庭成员结构、住房舒适度、环境等。为此，在模型中纳入多种影响因素是未来拓展的方向。该工作将使研究人员面临数据难以获取的难题，模型算法也将趋于复杂，运行时间将大幅度延长。

9.4.3 交通模型的优化扩展

交通是影响城市社会经济活动区位的关键因素，ActSim 模型采用时间成本计算交通状况。交通成本同样可以采用经济成本评价，或者采用时间成本和经济成本的综合成本评价。当纳入经济成本时，交通收费政策会影响交通可达性评价结果，进而影响模型的运行结果。因此，ActSim 模型同样可以拓展用于评价交通收费政策对城市空间的影响。

交通模型采用“车”的速度计算交通时间。在更细层面上，城市存在不同的社会经济群体，其出行对应不同的交通模式，如步行、骑行、公交、自驾等，因此交通时间、空间分布规律有所不同。基于此，实现多模式交通模拟分析是亟待深化的问题。

交通领域研究较多、竞争较为激烈，存在大量成熟的交通软件，如 START、TRAM 等。ActSim 模型中的交通成本提供了与现有智能交通模型的接口，可以借助成熟的智能交通模型评价城市交通成本。

9.4.4 城市活动总量变化及其区位模拟

本节利用增长率计算家庭总量和家庭人口总量的变化，既有前文提及的本地人口变迁，也受人口流动的影响（迁入、迁出）。为了实现更为精确的模拟，需要进一步建立人口流动模型用于模拟城市内人口与外界人口的流动情况。与之对应，本市搬迁家庭人口与外部迁入人口区位选择的影响因素应有所差异，为了实现更为精确的模拟，ActSim 模型需要分别探索本市人口流动、外来人口的区位选择。

9.5 本章小结

本章对于前面章节构建的 ActSim 模型开展了案例应用，模拟了北京城市空间演化过程。本案例假定北京近些年的土地开发趋势一直延续下去，预测了未来人口和经济活动的空间分布格局，并在该政策情景基础上检验了西山隧道的开通对海淀北部新区的影响。ActSim 模型分别预测了不同政策情景下未来各年度城市家庭人口和企业空间分布格局。研究表明，ActSim 模型可以定量预测每个区块的人口和经济活动规模，为城市土地利用政策检验提供了很好的工具。通过对比不同的情景，可以分析不同的政策影响。ActSim 模型作为一个 Demo 系统，旨在为读者阐述土地利用—交通相互作用（LUTI）模型的原理、架构和实现。ActSim 模型还有诸多不足之处亟待完善。为此，本章对模型的使用方法、准确性及模型的限制性等方面进行了讨论。从模型的发展历程来看，基于“活动”的模型符合 LUTI 模型发展的新趋势（Wegener, 2003）。作为 LUTI 模型理论应用于中国城市的初步探索，本章的研究有助于推动 LUTI 模型的发展及其在全国范围内的应用，丰富了国内城市空间演化的研究方法。ActSim 模型也将在应用实践中逐步完善。

参考文献

[1] Kryvobokov M, Chesneau J B, Bonnafous A, et al. Comparison of Static and Dynamic Land

Use-Transport Interaction Models[J]. Transportation Research Record, Journal of the Transportation Research Board, 2013, 2344(1): 49-58.

[2] Lowry I S. A Model of Metropolis RM-4035-RC[M]. Santa Monica CA: Rand Corp, 1964.

[3] Torrens P M. How Land-Use Transportation Models Work[R]. London: Centre for Advanced Spatial Analysis, 2000.

[4] Wegener M. Overview of Land-Use Transport Models[C]. Proceedings of CUPUM'03 Sendai, 2003.

第 10 章

区域模拟框架

第 1～9 章着重阐释了城市空间相关概念及模拟分析法，并详述了城市土地利用—交通相互作用（LUTI）模型的构建过程。LUTI 模型用于模拟城市内部的空间演化过程。当把尺度放大到区域层面时，研究会涉及多个城市，或称为城市群，这时就需要模拟区域空间演化过程。区域空间演化模拟并非本书的重点内容，但其与城市空间演化模拟紧密联系，因此本章对区域空间演化模拟方法进行初步探讨，并建立区域空间演化模拟框架，为后续将模型模拟研究拓展到区域层面奠定了基础。

在区域空间内，生产和需求的空间分异产生城际贸易联系，经济发展的城际差异等因素也将导致人口空间分布格局不断变化，与之对应，城际联系（相互作用）包括城际贸易联系和人口迁移。为此，区域空间演化模拟主要涉及城际经济联系模拟和城际人口迁移模拟，需要建立区域经济模型（Regional Economic Model，REM）和城际人口迁移模型（Migration Model，MM），如图 10-1 所示。

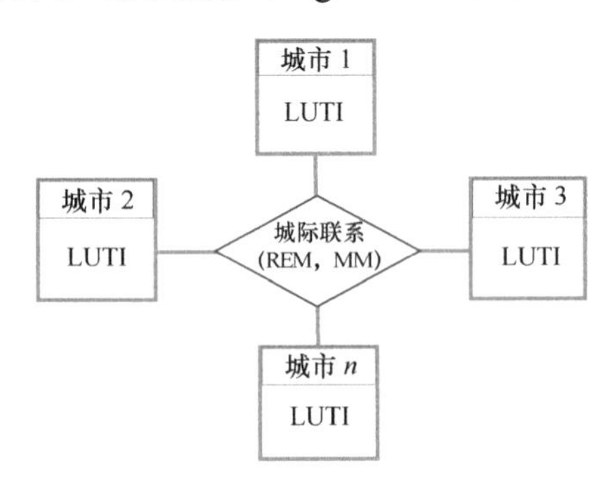

图 10-1　区域空间演化模拟架构

10.1 区域经济模型

区域经济模型（Regional Economic Model，REM）用于模拟城际的经济关系，根据产能和消费需求分布确定两两城市间的贸易额，并根据贸易关系进一步确定每个城市的总产出。城际贸易关系可分不同产业确定，为便于阐述，本节假设区域内有 X 个城市、Y 个产业。对于每个产业，城际贸易关系评价结果为一个矩阵，即两两城市间的城际贸易关系。以下阐述均针对产业，而非某个具体商品，各产业及其要素评价采用统一的单位——货币。

REM 模拟的是生产商的决策过程。通常（也是 REM 的前提假设）生产商根据预估的贸易量决定其产量（或投资），而贸易量的评估又常常基于需求分布、产品价格、交通费用等，同时受进口/出口影响。由此，城市群贸易量取决于产能（生产力）分布、需求分布、产品价格、交通费用、其他费用及进口/出口量，其中产能分布受投资影响。REM 将基于上述因素预测城际贸易量，并基于城际贸易量评价城际物流量，如图 10-2 所示。

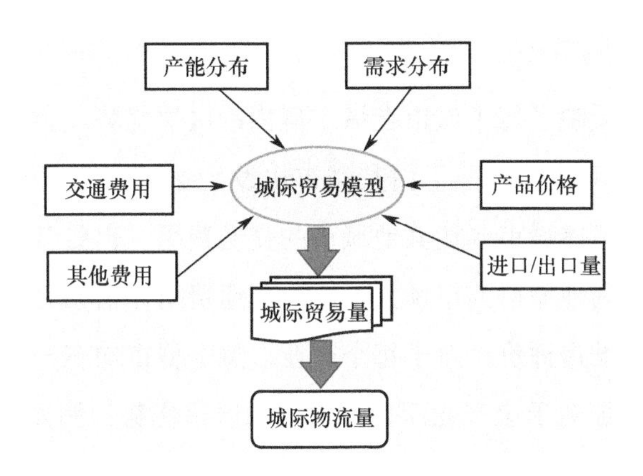

图 10-2 区域经济模型

如图 10-2 所示，城际贸易量受交通费用、产能分布、需求分布、产品价格等多种影响因素影响，在评估城际贸易量之前，需要建立各个子模型确定各影响因素。

10.1.1 交通评价——交通模型

交通系统是实现城市相互作用的基础设施，是区域空间结构的重要影响因素。交通模型（Transport Model，TM）首先基于区域交通路网评估城际交通费用，在此基础上结合每个城市的市场需求评估城市区位优势度，称为交通可达性，以反映各个城市的市场潜力。

不同产业的产品性质不同，其城际交通费用也不同，因此交通费用需要分产业评估。交通费用评估可采取时间成本和经济成本，或者对两者进行综合考虑，称作综合成本（Generalized Cost，GC）（牛方曲等，2016）。由于在城际层面讨论问题不同于在城市内部讨论问题，因此通常堵车情况可以忽略。城际交通费用通常采取经济成本评估。城市间存在多条交通路径，交通模型可以利用 GIS 算法，计算出最小成本路径。对于某个产业而言，区域交通费用的评估结果是 $X \times X$ 阶矩阵，即两两城市间的交通成本。若区域有 Y 类产业，交通费用评估结果是 Y 个矩阵。如果不谋求精细化模拟，即不对各产业的运行成本进行差异化评价，则各产业的区域交通费用可以采用同样的区域交通费用。

交通可达性反映了每个城市在城市群内的区位优势，会影响投资的区位选择。城市交通可达性表征了由某城市出发到达城市群内所有机会的便捷度，其评价既要考虑城市到达其他城市的交通费用，也要考虑其他城市机会的分布，或者说其他城市的市场大小。与交通费用评估相对应，交通可达性同样分产业、分城市评价，对于每个产业，每个城市均有一个交通可达性评价结果，用于表征对于该产业而言该城市的区位优势。例如，对于产业 s 而言，城市 a 的交通可达性取决于区域内所有城市对产业 s 类商品的消费需求，以及其与城市 a 的交通条件（运输成本）。产业不同，各城市的消费需求不同。城市的市场消费需求会随着距离的增大而衰减。对于无须运输的商品，应另行建模评价区位优势，不考虑交通费用影响。

10.1.2 城市产能评价

产能也称为生产力，表征了城市生产某种类商品的能力。产能的变化将影响城际生产和贸易，以及企业对房产和用地的需求。产能变化取决于原始资本折旧与新的投资额，同时需要考虑产业间的相互作用关系，某类产业产能的变化会影响其他产业的产能。

投资是影响产能的重要因素。为预测产能，首先需要预测投资分布格局。城市投资受原有产能、市场规模、交通运输费用及其他各类费用的影响。资本折旧指的是上一年遗留下来的产能除折旧部分。此外，有些产业的产能与其他产业的产能相关联，因此城市产能评价模型（Capacity Model，CM）须综合考虑其他相关部门产能的变化，确定产业关联带来的影响。基于上述各要素评价结果，可准确建模以评价各产业的产能，如图 10-3 所示。

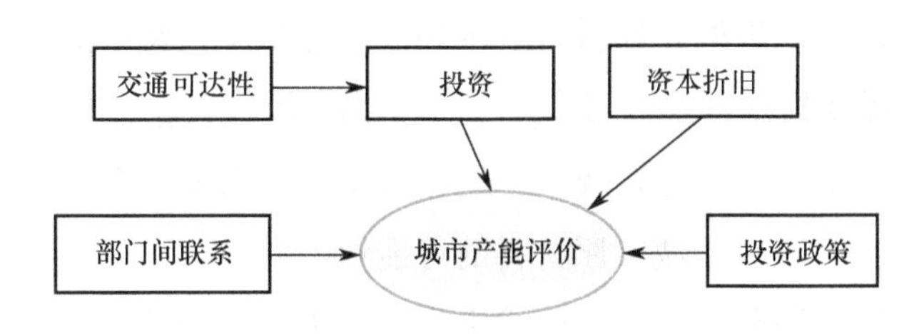

图 10-3 城市产能评价模型

10.1.3 总需求评价

总需求指的是每个城市对各类产业的商品总需求量，总需求是影响贸易格局的重要因素，包括最终需求和中间需求。其中，最终需求主要包括政府消费需求、消费者消费需求、出口、资本形成总额等。满足城市最终需求所需要的加工、运输、销售过程中会产生对其他商品的中间需求。根据最终需求和产业间投入/产出系数（I/O 系数）可评价中间需求；基于最终需求和中间需求可进一步评价总需求，如图 10-4 所示。总需求评价模型（Demand Model，DM）同样分城市、分行业进行模拟评价。

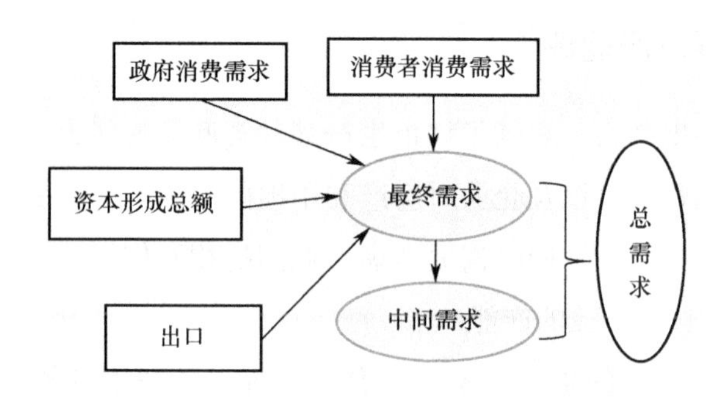

图 10-4　总需求评价模型

10.1.4　产品生产价格评价

产品生产价格指的是单位产品的生产价格，取决于原材料成本、区位成本、劳动力成本、附加值等因素。价格的计算是分产业进行的，表征一类产业内所有商品的平均价格。原材料成本指的是为生产该类产品需要消耗的其他各类产品，需要根据投出/产出关系评价得出，涉及其他商品的价格、投入/产出系数，同时需要考虑运输成本。运输成本评价需要考虑原材料在其他城市的分布，以及采用每个城市原材料的可能性，并结合上述交通费用评价结果综合评价交通运输总成本。区位成本指的是由于租赁厂房或工作空间而带来的费用，其中有些产业可能存在不可忽略的房租以外的区位成本，如水、电、物业等费用。劳动力成本可采用雇用工人的劳动报酬计算。附加值指的是各类产品在生产、销售过程中产生的附加值。产品生产价格模型（Price Model，PM）须综合以上各成本计算产品价格。

10.1.5　城际经济联系模拟

经济联系评价旨在确定两两城市间的贸易量，即由一个城市销往其他城市的各类产品的总量。基于以上交通、城市产能、总需求、产品生产价格评价结果，并结合进口/出口量、城际非交通成本等要素构建城际贸易模型（Trade Model，TPM），模拟城际经济联系（两两城市间贸易）。如前文所述，城际贸易评价结果是 Y 个 $X \times X$ 阶矩阵，即各产业的两两城市间贸易情况。

上述要素中包括了进口量和贸易中的非交通成本。研究区与外界的贸易联系称为进口/出口，其中，出口可放在最终需求中处理。总需求中有一部分是由进口满足的，因此城际贸易评价须将进口部分从总需求中去除。进口量预测可以参考以往年份各个城市的进口量情况。非交通成本指的是产品在销售过程中产生的交通运输之外的其他成本，如跨境成本等。

假设由城市i销往城市j的s类商品的总量为$T^s_{(t+1)ij}$，城市j的总需求为$Y^s_{(t+1)j}$，城市i的产能为$K^s_{(t+1)i}$，产品生产价格为$p^s_{(t+1)j}$，交通运输费用为c^s_{Tij}，城市j的进口量为$I^s_{(t+1)j}$，其他费用为$b^s_{(t+1)ij}$。城市i与城市j之间的贸易量是上述变量的函数，模型框架如式（10-1）所示。该模型存在相应的约束条件，即各个城市销售到城市j的产品总和不能超过城市j的总需求。模型的实现需要考虑该限制条件，即

$$T^s_{(t+1)ij}=f(Y^s_{(t+1)j},I^s_{(t+1)j},K^s_{(t+1)i},p^s_{(t+1)j},c^s_{Tij},b^s_{(t+1)ij}) \tag{10-1}$$

根据各城市贸易净输出可以确定该城市的总产量。实际上经济发展可能存在生产过剩等特殊情形，区域经济模型暂不考虑非正常情况。此外，某城市可能对来自其他某城市的商品存在抵制态度，对于这类情况可以通过加入变量减小贸易模拟值。在同一个区域内，类似的情况通常可以忽略。

10.1.6 城际物流模型

城际贸易最终将落实为物流，即交通运输。无须运输的产品无须考虑交通运输成本。物流配送会根据产品特征对其进行分类集装、运输。当同类产品的包装运输方式不同时，单次运输商品量也会有所不同。单次运输商品量加上城际贸易总量可评价城市间的运输量（货运车次）。将贸易总量换算成物流量需要对物流行业进行调查，结合各物流企业的实际业务实现模型的构建。物流量难以准确预测，但城际物流模型（Freight Model，FM）可以预测物流量的相对值，即预测值在不同的城市间的相对分布是合理的，如此城际物流模型对于区域空间结构分析可发挥应有的作用。

10.2 人口迁移模型

城际联系除经济联系外，还包括人口迁移。本节中“人口迁移”指的是家庭人口的迁居活动，即工作年龄人口迁移，而非瞬时的人口流动（如旅游、出差等），其将改变城市人口总量及区域人口空间分布格局。1966 年，Lee 提出了人口迁移研究“推—拉”理论框架，即城际人口迁移取决于起点的推力、终点的拉力（或引力）、距离的阻抗，同时受人口自身特征影响（Lee，1966）。城际人口迁移涉及各类群体，若只模拟宏观层面的人口迁移，可以不考虑各类群体的人口特征。据此，本节给出人口迁移模型（Migration Model，MM）“推—拉”模型的实现框架。如图 10-5 所示，城际人口迁移模型的实现包括流出城市的推力评价、流入城市的引力评价、距离阻抗评价等。

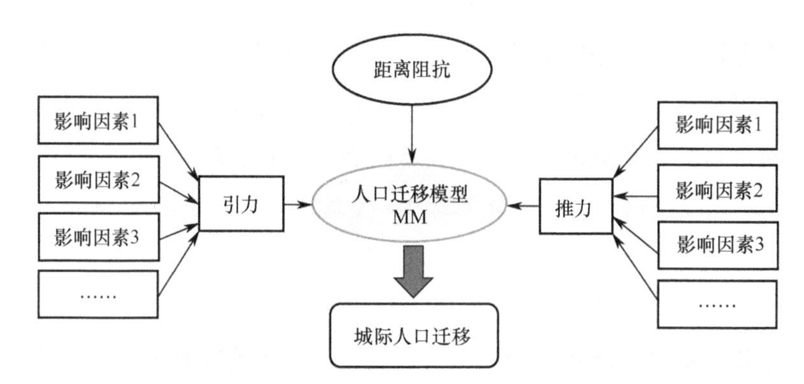

图 10-5　城际人口迁移模型

10.2.1　城市推力和引力评价

推力和引力是相对于每对城市（城市对）而言的。在评价城市推力和引力之前需要确定城际人口迁移的影响因素。同一个影响因素既可以是推力影响因素，也可以是引力影响因素，如环境因素，好的环境可以吸引人口流入，差的环境同样可以阻碍人口流入。家庭迁居常见的影响因素有城市规模（S）、经济机会（如就业机会，J）、住房成本（R）、环境质量（E）、工资水平（I）等。在实际建模中，需要根据案例区的具体情况确定影响因素及其权重，在此基础上研究建立推力评价模型和引力评价模型，如式（10-2）所示。推力和引力的评价结果均是矩阵，即每个城市相对于其他城市均有推力和引力。推力评价模型和引力评价模型采用同样的变量（人口流动影响因素），有些影响因素与城市推力成正相关，而与城市引力成负相关，如房价，房价越高，则城市推力越大、引力越小；有些影响因素则相反，如收入，收入越高，则城市推力越小、引力越大。在建模过程中需要处理好变量的正负问题。

$$v(O \mid D) = f(S, J, R, E, I) \tag{10-2}$$

10.2.2　距离阻抗

距离是不可忽视的影响因素，对人口迁移起阻抗作用。通常距离阻抗随距离的增大而增大。距离阻抗评价就是确定阻抗作用随距离的变化规律。距离阻抗评价首先需要评价城际距离，城际距离通常采用交通成本计量，而交通成本来自交通模型的输出。由于不同的迁移人口对距离的敏感度不同，例如，不同性别、年龄、学历的人口受迁移距离的影响会有所不同，因此需要针对不同的人口设定不同的模型参数，以体现距离对不同群体阻抗作用的差异。

10.2.3　城际人口迁移模拟

人口迁移模型通过对城市的推力、引力、距离阻抗进行集成，来模拟城际人口迁移流。模拟结果同样是矩阵，表征每个城市迁往其他各城市的人口数量。根据城市迁入、迁出的人口数量可以计算城市人口净流动数量。

假设起点城市 a 的推力评价结果为 $v(O)_a$，终点城市 z 的拉力评价结果为 $v(O)_z$，距离阻抗为 d_{az}，迁出城市的家庭人口总量为 H_a，迁入城市的家庭人口总量为 H_z，从城市 a 迁入城市 z 的人口数量 $M(U)_{az}$ 计算框架如式（10-3）所示，具体实现可根据该框架细化确定。

$$M(U)_{az} = f(H_a, v(O)_a, d_{az}, H_z, v(O)_z) \tag{10-3}$$

在实际应用中，需要确保人口的流动数量在合理范围内。例如，从城市迁出人口总量不能超过该城市的人口总量。另外，还需要考虑政策限制，例如，若对城市迁入人口总量有政策限制，则需要对模拟结果进行修正，使模拟结果符合政策限制要求。

10.2.4 区域与外界的人口迁移

区域内每个城市均与外界（区域以外的区域）发生人口迁移，包括迁入和迁出。区域与外界的人口迁移受区域内外社会经济发展的影响。人口迁移模型的实现可以分两步，首先模拟区域与外界的人口迁移总量（迁入、迁出），然后将人口迁移总量分配至每个城市，确定每个城市与外界的人口迁移情况。

此外，城市总人口的变化涉及人口自然增长。人口自然增长模拟需要对家庭进行分类，确定不同类型家庭之间的相互转化关系，预测家庭人口总量的变化。本节重点探讨城际社会经济联系，对此不予展开讨论。

10.2.5 模型作用

就区域模型的作用而言，一是可用于剖析历年城际社会经济联系，二是可用于检验区域空间政策影响。例如，若城市群开发一条高速公路，将改变区域交通系统→改变城际交通成本→影响城市交通可达性评价→影响投资格局→影响城市产能分布→最终改变区域贸易格局。同时，投资格局的改变，将改变就业机会空间分布，并最终影响人口迁移。这一系列逻辑关系过程在人口迁移模型中得以体现。此外，人口迁移模型可用于检验区域产业调控政策，例如，在京津冀地区，若在天津增加制造业投资，将改变区域制造业产能空间分布格局，从而影响城际贸易格局评价结果。根据相关评价结果可进一步分析产业调控政策的影响。总之，区域模型得以构建之后，可以根据需要加以灵活应用，用于检验政策影响。若将区域模型用于剖析以往城际联系，则所需数据均已知或可以通过计算得到。

10.3 本章小结

前述章节着重阐述了城市空间相关根据及模拟分析法，并构建了 LUTI 模型。LUTI 模型用于模拟城市内部空间演化过程。当把尺度放大到区域层面，即包括多个城市（城市群）时，需要模拟城际社会经济联系。为了模拟城际社会经济联系，本章构建了区域模型基本框架，主要包括区域经济模型和人口迁移模型。上述模型基本框架的搭建为区域模拟分析研究提供了概念基础，为进一步实现区域模拟研究做好了铺垫。区域模型框架将与前文所述的城市模型形成模型系统。

区域经济模型输出的是城际贸易联系，人口迁移模型输出的是人口迁移网络，这为检验区域政策影响奠定了基础。其中，区域经济模型的输出数据为编制投入/产出表提供了基础数据。目前，投入/产出表的编制主要为省级尺度（刘卫东等，2012），并且依赖相关的城际联系数据，而详细的城际联系数据通常难以获取。区域经济模型的开发为编制不同尺度（省、市、县）的投入/产出表提供了基础资料。本章所构建的区域模型概念框架，根据各要素的相互作用规律将其植入一个系统，其包含诸多子模型。区域模型的实现可以根据具体应用需求细化到不同的层面。

参考文献

[1] Lee E S. A Theory of Migration[J]. Demography, 1966, 3(1): 47-57.

[2] 刘卫东，刘红光，范晓梅，等. 地区间贸易流量的产业——空间模型构建与应用[J]. 地理学报，2012，67（2）：147-156.

[3] 牛方曲，刘卫东，冯建喜. 基于家庭区位需求的城市住房价格模拟分析[J]. 地理学报，2016，71（10）：1731-1740.

第 11 章

常用工具及数学模型简析

相关研究的不断推进和信息技术的发展，促使越来越多的分析模拟工具出现，为学界开展研究提供了便利。各类分析模拟工具虽然可以统称为软件，但存在开发工具（语言）、分析软件、模拟软件等概念上的差异。本章对常用模拟工具进行介绍，并对不同模拟工具加以区分，同时介绍常用的数学模型和函数。

11.1 开发语言

11.1.1 MATLAB

MATLAB、Mathematica 和 Maple 并称为三大数学软件，更准确地说，是一门开发语言，侧重于数学运算。它们相对其他数学类科技应用软件在数值计算方面有领先优势。MATLAB 是 Matrix 与 Laboratory 两个词的组合，意为矩阵工厂（矩阵实验室），其是由美国 Mathworks 公司发布的主要面向科学计算、可视化及交互式程序设计的高科技计算软件。MATLAB 将数值分析、矩阵计算、科学数据可视化及非线性动态系统的建模和仿真等诸多强大功能集成在一个易于使用的视窗环境中，为科学研究、工程设计及必须进行有效数值计算的众多科学领域提供了一种全面的解决方案，并在很大程度上摆脱了传统非交互式程序设计语言（如 C 语言、Fortran 语言）的编程模式，代表了当今国际科学计算软件的先进水平。

MATLAB 产品族可以用来进行的工作包括数值分析、数值和符号计算、工程与科学绘图、控制系统的设计和仿真、数字图像处理、数字信号处理、通信系统的设计和仿真、财务与金融工程管理、管理与调度优化计算（运筹学）。

MATLAB 的基本数据单位是矩阵，它的指令表达式与数学、工程中常用的形式十分相似，故用 MATLAB 解算问题比用 C 语言、Fortran 语言等解算相同的问题要简单得多。另外，MATLAB 吸收了 Maple 等软件的优点，并在新版本中加入了对 C 语言、C++语言、Java 语言的支持，因此是一款功能非常强大的数学软件。

11.1.2 Mathematica

Mathematica 提供了友好的开发界面和较强的数学计算功能，很好地结合了数值和符号计算引擎、图形系统、编程语言、文本系统，并能与其他高级应用程序连接，很多功能在相应领域内处于世界领先地位，尤其是符号运算功能。Mathematica 是使用最广泛的数学软件之一，是世界上通用计算系统中最强大的系统。Mathematica 自从 1988 年发布以来，已经对如何在科技和其他领域运用计算机产生了深刻的影响。Mathematica 的发布标志着现代科技计算的开始。

11.1.3 Maple

Maple 是目前世界上最为通用的数学和工程计算软件之一，在数学和科学领域享有盛誉，有“数学家的软件”之称。Maple 在全球拥有数百万名用户，被广泛地应用于科学、工程和教育等领域，用户渗透了超过 96%的世界主要高校和研究所，以及超过 81%的世界财富五百强企业。

Maple 系统内置高级技术以解决建模和仿真中的数学问题，包括符号计算、无限精度数值计算、创新的互联网连接、强大的 4GL 语言等；内置超过 5000 个计算命令，数学和分析功能覆盖几乎所有的数学分支，如微积分、微分方程、特殊函数、线性代数、图像/声音处理、统计、动力系统等。

Maple 不仅提供编程工具，更重要的是提供数学知识。Maple 是教授、研究员、工程师、学生们必备的科学计算工具，从简单的数字计算到高度复杂的非线性问题，Maple 都可以快速、高效地解决。用户通过 Maple 软件可以在单一的环境中完成多领域物理系统建模和仿真、符号计算、数值计算、程序设计、技术文件撰写、报告演示、算法开发、外部程序连接等功能，满足从高中生到高级研究人员等各层次用户的需求。

11.1.4　其他常用语言

R 语言是为统计计算和绘图而生的语言和环境，主要用于统计分析、绘图、数据探勘（龙瀛，2021），其是一套开源的数据分析解决方案，可以运行在 Windows、UNIX、Mac OS X 等多种系统中。作为一个全面的统计研究平台，R 语言提供了各式各样的数据分析技术，可以囊括几乎所有类型的数据分析，以及在其他软件中尚不可用的、先进的统计计算例程。除自身强大、丰富的模块与内嵌函数外，R 语言可以通过自行编制函数用于拓展现有方法，因此 R 语言具有易于拓展、可塑性强、更新速度快等特点。另外，R 语言强调交互式数据分析，可轻松地从各种类型的数据源导入数据，如文本文件、数据库管理系统、统计软件，甚至专门的数据仓库，也可以直接从网页、社交媒体网站和各类在线数据服务中获取数据，与其他编程语言和数据库也有很好的接口。另外，R 语言拥有的顶尖制图水准，并且操作方法简便，为绘图者提供了极大的便利，非常适合复杂数据的可视化（Bivand et al.，2013）。总之，在统计数据分析和绘图方面，R 语言是一个功能全面的、理想的开发工具（Robert，2016）。

Python 语言是一种解释型、面向对象和动态数据类型的高级程序设计语言，其因语言的简洁性、易读性和可扩展性，以及自带的丰富的库被人们广泛使用，成为当前最流行的编程语言之一。相较于 C++语言、Java 语言等，Python 语言的语言风格和数据类型都十分简洁，代码篇幅更少，并且经常使用英文关键词，嵌套部分使用 Tab 缩进来规范结构，具有极高的可读性，学习起来也更加容易。若需要编写不愿意开放的算法，也可以使用其他语言完成该算法程序，再从 Python 程序中调用。另外，Python 标准库提供了丰富的功能，包括文本/二进制数据处理、数学运算、函数式编程、文件/目录访问、数据持久化、数据压缩/归档、数据加密、操作系统服务、并发编程、进程间通信、网络协议、JSON/XML 其他 Internet 数据格式、多媒体、GUI、调试、分析等。Python 提供所有主要商业数据库接口，为用户的使用提供了极大便利，受到广泛欢迎（Wes Mckinney，2018）。Python 语言可以为城市空间数据分析、运算模拟提供强大的功能支持。

11.2 分析软件

11.2.1 Excel

Excel 是微软公司为使用 Windows 和 Apple Macintosh 操作系统的计算机编写的一款电子表格软件，是微软办公套装软件的重要组成部分。直观的界面、出色的计算功能和图表工具，再加上成功的市场营销，使 Excel 成为最流行的个人计算机数据处理软件。Excel 的日常主要功能有数据记录与整理、数据加工与计算、数据统计与分析、图形报表制作、信息传递与共享等，其广泛地应用于管理、统计财经、金融等众多领域。除了本身强大的数据处理功能，Excel 还内置了 VBA 语言，允许用户根据自身需求定制功能，以开发适合个体的自动化解决方案。

11.2.2 ArcGIS

ArcGIS 是由 ESRI 公司开发的，为用户提供一个可伸缩的、全面的 GIS 平台，用于空间数据的分析、可视化表达等。ArcGIS 是基于一套由共享 GIS 组件组成的通用组件库实现的，这些组件被称为 ArcObjects。ArcObjects 包含大量可编程组件，为开发者集成了全面的 GIS 功能。

ArcGIS 作为一个可伸缩的平台，无论是在桌面、服务器、野外，还是通过 Web 均可为个人和群体用户提供 GIS 功能。ArcGIS 10 是一个建设完整 GIS 的软件集合，它包含了一系列部署 GIS 的框架。其中，ArcGIS Desktop 是一个专业 GIS 应用的完整套件；ArcGIS Engine 是定制开发 GIS 应用的嵌入式开发组件；服务端 GIS 包括 ArcSDE、ArcIMS 和 ArcGIS Server，是开发

B/S 系统或 C/S 系统的一组组件。

科研人员最常用的是 ArcGIS Desktop。ArcGIS Desktop 是一个集成了众多高级 GIS 应用的软件套件，它包含了一套带有用户界面组件的 Windows 桌面应用（如 ArcMap、ArcCatalog、ArcToolbox、ArcGlobe 等）。ArcGIS 以其强大的空间分析功能和可视化表达功能，成为地理学界常用甚至必备的工具。

11.2.3 SPSS

SPSS 和 SAS、BMDP 并称为国际上最有影响力的三大统计软件，其集数据录入、整理、分析功能于一体。SPSS 的基本功能包括数据管理、统计分析、图表分析、输出管理等。SPSS 统计分析过程包括描述性统计、均值比较、一般线性模型、相关分析、回归分析、对数线性模型、聚类分析、数据简化、生存分析、时间序列分析、多重响应等几大类。每类中又分好几个统计过程，例如，回归分析又分为线性回归分析、曲线估计、Logistic 回归、Probit 回归、加权估计、两阶段最小二乘法、非线性回归等多个统计过程，而且每个统计过程中又允许用户选择不同的方法和参数。SPSS 也有专门的绘图系统，可以根据数据绘制各种图形。

SPSS 可以直接读取 Excel、DBF 数据文件，分析结果清晰、直观、易学易用。SPSS 现已推广到多种操作系统中，用户可以根据实际需要和计算机的功能选择模块，以降低 SPSS 对系统硬盘容量的要求，这有力地促进了 SPSS 的推广和应用。

11.2.4 GeoDa

GeoDa 是一个设计实现栅格数据探索性空间数据分析（ESDA）的软件工具集合体。它向用户提供一个友好的图示界面，用于描述空间数据分析，如自相关性统计、异常值指示等。GeoDa 的设计包括设计一个由地图和统计图表联合的操作环境。GeoDa 最初的设计是为了在 ESRI 的 ArcInfo GIS 和 SpacStat 两种软件之间建立一个桥梁，用来进行空间数据分析。GeoDa 是独立的软件，并且不需要特定的 GIS 系统。GeoDa 能在微软公司任何风格的操作系统下运行（如 Windows 95、Windows 98、Windows 2000、Windows NT、Windows Me、Windows XP），它的安装系统包含了所有需要的文件。

11.2.5 ENVI

ENVI（The Environment for Visualizing Images）是美国 Exelis Visual Information Solutions 公司的旗舰产品。它是由遥感领域的科学家们采用交互式数据语言（Interactive Data Language，IDL）开发的一套功能强大的遥感图像处理软件，是快速、便捷、准确地从影像中提取信息的首屈一指的软件解决方案。ENVI 支持各种类型的航空和航天传感器影像，包括全色、多光谱、高光谱、雷达、热红外、地形、GPS、激光雷达等数据。ENVI 可以读取超过 80 种数据格式，包括 HDF、Geodatabase、GeoTIFF 和 JITC 认证的 NITF 等格式。同时，ENVI 的企业级性能使其可以通过内部组织机构或互联网快速地访问 OGC 和 JPIP 兼容服务器上的影像。当前，众多的影像分析师和科学家选择 ENVI 来从遥感影像中提取信息，ENVI 已经广泛地应用于科研、环境保护、气象、石油/矿产勘探、农业、林业、医学、国防、地球科学、公共设施管理、遥感工程、水利、海洋、测绘勘察、城市与区域规划等领域。

11.2.6 AMOS

AMOS 是一款使用结构方程探索变量间关系的软件。利用 AMOS 可以轻松地进行结构方程（SEM）建模，快速创建模型以检验变量之间的相互影响及其原因。使用 AMOS 比单独使用因子分析或回归分析能获得更精确、更丰富的综合分析结果。结构方程模型是一种多元分析技术，其包含标准方法，并在标准方法的基础上进行了扩展。标准方法包括回归技术、因子分析、方差分析和相关分析。AMOS 让 SEM 分析变得更容易。它拥有直观的拖放式绘图工具，可以快速地定制模型而无须编程。AMOS 构建方程式模型过程中的每个步骤均能提供图形环境，只须在 AMOS 的调色板工具和模型评估中以鼠标单击绘图工具便能指定或更换模型。AMOS 具有方差与协方差分析、假设检验等一系列基本分析方法，同时具有贝叶斯分析、自由抽样、曲线增长模型、非递归模型等。AMOS 高版本增强了程序的透明性、可扩展性，提供与 VB、SAS 等软件的接口，为其程序编写带来了很大的便利。

11.2.7 UCINET

UCINET 是一款网络分析软件，是由菜单驱动的 Windows 程序。UCINET 集成了用于数据分析的 NetDraw 软件、三维展示分析软件 Mage、大型网络分析软件 Pajek。利用 UCINET 软件可以读取文本文件、KrackPlot、Pajek、Negopy、VNA 等格式的文件，能处理 32767 个网络节点。UCINET 软件包有很强的矩阵分析功能，如矩阵代数和多元统计分析，提供了大量数据管理和转化工具。UCINET 是目前最流行的也是最易上手的网络分析软件。

11.3 模拟软件

模拟软件是用于建模的软件，用户利用模拟软件可以建立相应的模型、设定数据，然后运行得到模拟结果。模拟软件通常提供所见即所得的操作界面，方便用户使用；同时会提供接口，允许用户编写脚本程序，以增强软件的模拟功能。模拟软件实质上是一个模型架构，即一个高度抽象的模型，例如，UrbanSim 实质上是一个城市土地利用—交通相互作用模型框架，用户利用其进行建模，是将其框架具体化。使用这类模拟软件，用户需要对其背后的原理有清晰的理解。模拟软件的复杂性，限制了这类软件的普及应用。

11.3.1 Vensim

Vensim 提供一种简易、具有弹性的方式，以建立因果循环（Casual Loop）、存货（Stock）与流程图等相关模型，最终用于建立系统动力学模型。在使用 Vensim 建模过程中，只要用图形化的各式箭头记号连接各式变量记号，并将各变量之间的关系以方程方式写入模型，各变量之间的因果关系便随之记录完成。通过建立模型的过程，读者可以了解变量间的因果关系与回路，并可以通过程序中的特殊功能了解各变量的输入与输出之间的关系，便于使用者了解模型架构，也便于建模人员修改模型内容。读者可以通过 Vensim 提供的用户说明书，建立各类简洁的模型，从而快速学习并掌握 Vensim 的使用方法。

11.3.2 NetLogo

NetLogo 是一个用来对自然和社会现象进行仿真的可编程建模环境。它最早由 Uri Wilensky 在 1999 年提出，由连接学习和计算机建模中心（CCL）负责开发。NetLogo 是建立基于 Agent 模型的常用工具平台。在 NetLogo 中，世界由功能不同的主体（Agent）构成，其中包括瓦片（Patches）、海龟（Turtles）、链（Links）、观察者（Observers）。建模者向众多独立运行的主体通过编程的形式发出指令，这些主体便可以将宏观模式通过交互的形式涌现出来。NetLogo 可以通过设置时钟来更新视图的结果，因此特别适合对随时间演化的复杂系统进行建模。NetLogo 自带一个模型库，该模型库覆盖生物、医学、物理、化学、数学和计算机科学等众多研究领域，如生态系统、病毒传播、社会暴动、种植结构优化、交通仿真等（张亮，2011）。NetLogo 是 Logo 语言的升级版，它改进了 Logo 语言只能控制单一个体的不足，可以在建模中控制成千上万个个体，因此，NetLogo 建模能很好地模拟微观个体的行为和宏观模式的涌现，以及两者之间的联系（NetLogo，2019），尤其适合模拟随时间发展的复杂系统。

其他用于 Agent 建模的软件还有 Repast（龙瀛，2021）。

11.3.3 UrbanSim

UrbanSim 是一款城市空间发展模拟软件，是加利福尼亚大学 Waddell 博士领导开发的。UrbanSim 基于土地利用—交通相互作用原理模拟城市空间政策对交通、经济活动和人口空间分布的影响。UrbanSim 在美国城市得到了广泛应用，为城市空间政策的检验和城市发展预测起到了很好的决策支撑作用。UrbanSim 采用了动态非平衡的方式模拟城市空间演化。作为一款城市模拟软件，UrbanSim 的内核为土地利用—交通相互作用（LUTI）模型，因此，学习使用 UrbanSim 首先需要对 LUTI 模型的原理有充分的理解，并基于此了解 UrbanSim 软件的模块组成。作为一款专业模拟软件，UrbanSim 的操作十分复杂，这也成为其普及推广的羁绊。

11.3.4 MEPLAN

MEPLAN 是剑桥大学 Marcial Echenique 和他的同事共同研发的一款 LUTI 模型，用于城市空间演化模拟预测。MEPLAN 将交通量和社会产品进行价格量化，通过调整贸易价格实现交通系统与土地利用之间的平衡。MEPLAN 包含三大子模块：土地利用子模块、交通子模块、生产与消费子模块。其中，土地利用子模块采用空间非聚集方式处理商品、服务和劳动力，采用投入—产出技术计算出行数量。MEPLAN 目前主要被英国政府所使用。

与 MEPLAN 类似的其他基于 LUTI 模型原理的模拟软件包括 TRANUS、DELTA、PECAS、ILUTE 等。这些软件的内核均为 LUTI 模型，但在实现技术上存在差别，读者可以参考相关资料进一步了解各模型，这里不再一一赘述。

11.4 常用模型简析

11.4.1 协调度分析模型

协调度分析模型用于分析变量之间的协调度。例如，判断区域基础设施与社会经济发展水平的协调度，常用公式为

$$C_{xy} = \frac{X+Y}{\sqrt{X^2+Y^2}} \tag{11-1}$$

式中，X 为研究区的某个指标或变量，Y 为研究区的另一个指标或变量，C_{xy} 代表研究区内指标 X 与指标 Y 的协调指数。C_{xy} 具有以下性质：① C_{xy} 的大小与系统发展的协调性成正相关，C_{xy} 越大，系统的协调性越高，反之，系统的协调性越低；② $-1.414 \leqslant C_{xy} \leqslant 1.414$，当 X、Y 均为正值且相等时，C_{xy} 的值最大，为 1.414，当 X、Y 均为负值且两者相等时，C_{xy} 的值最小，为

−1.414，在其他情形下 C_{xy} 的值介于两者之间（吴建楠等，2009）。

11.4.2　离散选择模型

离散选择模型（Discrete Choice Model，DCM），也叫作品质反应模型（Qualitative Response Model，QRM）或基于选择的结合分析（Choice-Based Conjoint Analysis，CBC）模型。离散选择模型兴起于 20 世纪 50 年代末，属于微观计量经济学范畴，并且在其他社会科学领域中也有广泛的应用（聂冲等，2005；颜慧，2018；石洪景，2015）。离散选择模型通常用来研究一定背景下个体对偏好的影响因素。例如，在外出时，由于时间效率、金钱成本、便捷性、舒适度等因素差异，人们往往会选择几种不同的出行方式，假设将选择乘坐公交车记为 $Y=1$，将选择乘坐出租车记为 $Y=2$，将选择步行记为 $Y=3$，将选择自驾记为 $Y=4$，那么在研究人们选择何种出行方案时，由于因变量不是连续变量（$Y=1, 2, 3, 4$），而是分类变量，因此，传统的线性回归模型具有显著的局限性，而离散选择模型可以提供一个有效的建模途径。

1．离散选择模型的一般原理和应用价值

离散选择模型的一般原理为随机效用理论（Random Utility Theory）。假设决策者有 J 种选择方案，分别对应一定的效用 U，其由固定效用和随机效用两部分加和构成。固定效用 V 能被一定的可观测变量 x 解释，但固定效用仅决策者自己可知，研究者不可知。随机效用 ε 代表了未被观测的效用及误差的影响。决策者的策略为选择效用最高的方案，那么每个方案被选中的概率可以表示为其可观测效用的函数 $P=F(V)$，函数的具体形式取决于随机效用的分布。在大多数模型设定中，可观测的固定效用 V 被表述为可观测变量 x 的线性组合，即 $V=\beta x$，其中 β 为系数，其取值和显著性水平可以由观测数据计算得出。

离散选择模型目前已得到广泛应用，主要体现在市场研究与交通两个方面。在市场研究中，通过分析消费者对不同商品、服务的选择偏好，测度、检验、预测市场需求；在交通领域，利用离散选择模型分析个体层面对目的

地、交通方式、路径的选择行为，进而预测交通需求，已成为研究前沿。此外，离散选择模型在地理、环境、社会、空间、经济、医学、教育、心理等领域的应用研究亦较多见（王灿等，2015）。

离散选择模型的主要价值体现在以下三个方面。第一，揭示行为规律。通过对系数 β 估计值的符号、大小、显著性的分析，可以判断哪些要素真正影响了行为，其方向和重要程度如何。对于不同类型的人群，还可以比较群组之间的差异。第二，估计支付意愿。在市场应用中，通过计算其他要素与价格的系数之比得到该要素的货币化价值，该方法也可推广到两个非价格要素上。第三，模拟分析。一般以“What-If”的方式考察要素改变、政策实施、备选项增减等造成的前后差异。相比之下，集合层面比个体层面的模拟更加复杂。

2. 影响决策的相关要素

决策者对于方案的选择受自身因素、方案本身差异的影响，决策者的决策是对各因素综合考量的结果，该过程可以抽象地表示为

$$P(\text{决策个体 } i \text{ 选择方案 } j) = f(\text{个体}i\text{属性}, \text{方案 } j \text{ 属性}) \tag{11-2}$$

式中，等号左边是决策个体 i 选择方案 j 的概率，等号右边是“个体 i 属性”和“方案 j 属性”的函数。决策者的个体属性包括收入条件、身体状况、性别等，这些均会影响个体决策；方案属性用于描述方案本身的差异，例如，对于出行方式选择而言，出行方式包括公交、自驾、骑行等，存在舒适度、便捷性等方面的差异。

决策者通常会综合考量各种因素做出方案选择，实现效用最大化。效用 U 分为可观测固定效用 V 与不可观测随机效用 ε 。可观测固定效用可以表示为不同属性的函数，再乘以每种属性所占权重；不可观测随机效用包含难以观测的效用及观测误差产生的影响，通常看作随机项。例如，选择公交出行的可观测固定效用可以表示为

$$V_{\text{公交}} = \beta_{\text{时间}} X_{\text{公交时间}} + \beta_{\text{费用}} X_{\text{公交费用}} + \beta_{\text{舒适性}} X_{\text{公交舒适性}} + \beta_{\text{安全性}} X_{\text{公交安全性}} \tag{11-3}$$

则选择公交出行的效用为

$$U_{公交}=V_{公交}+\varepsilon_{公交} \tag{11-4}$$

选择地铁出行的可观测固定效用可以表示为

$$V_{地铁}=\beta_{时间}X_{地铁时间}+\beta_{费用}X_{地铁费用}+\beta_{舒适性}X_{地铁舒适性}+\beta_{安全性}X_{地铁安全性} \tag{11-5}$$

则选择地铁出行的效用为

$$U_{地铁}=V_{地铁}+\varepsilon_{地铁} \tag{11-6}$$

在式（11-5）中，系数 β 描述了各种备选方案属性所占权重，是需要通过建模估计的参数，而 ε 的取值符合密度函数 $f(\varepsilon)$，不同的离散选择模型正是通过对这个密度函数的不同设定（服从不同的分布假设）而获取的。

“效用最大化准则”即选择效用最大的方案，若 $U_{公交}<U_{地铁}$，则选择地铁出行。而在实际研究中，研究者往往注重某个方案属性对决策者的选择所产生的影响，那么决策者 n 选择方案 i 的概率形式可表示为

$$\begin{aligned}P_{ni} &= \text{Prob}(U_{ni}>U_{nj},\ \forall j\neq i)\\ &=\text{Prob}(V_{ni}+\varepsilon_{ni}>V_{nj}+\varepsilon_{nj},\ \forall j\neq i)=\text{Prob}(V_{nj}-\varepsilon_{ni}<V_{ni}-\varepsilon_{nj},\ \forall j\neq i)\end{aligned} \tag{11-7}$$

3．常见的离散选择模型——logit 模型

logit 可拆解成 log-it，即 it 的对数。it 指 odds，是事件发生概率与不发生概率之比，数学表示为

$$\text{odds}=\frac{P(A)}{1-P(A)} \tag{11-8}$$

P 的取值范围是[0, 1]，odds 的取值范围是[0, +∞)。若将 P 取自然对数，即可将概率 P 的范围由[0, 1]映射到(−∞, +∞)。由此可见，logit 的一个重要特性就是无上下限，因变量与 logit 拥有相同的取值区间，这为建模带来了极大便利。因此，将 logit 与 $\beta_0+\beta X$（固定效用 V）建立关系，得到 logit 模型的基本形式为

$$\ln\frac{P_i}{1-P_i}=\beta_0+\beta X \tag{11-9}$$

去掉对数符号，并稍微进行变形，有

$$P_i=\frac{e^{\beta_0+\beta_1 X}}{1+e^{\beta_0+\beta_1 X}}=\frac{1}{1+e^{-(\beta_0+\beta_1 X)}} \tag{11-10}$$

上述涉及事件发生的可能性仅有两种：发生或不发生，故 logit 模型又被称为二项 logit 模型。可以选择的选项通常有多个，因此需要采用多项 logit 模型，又称为 MNL 模型。多项 logit 模型可视为对被解释变量中各类选择行为两两配对后构成的多个二项 logit 模型实施联合估计。如果随机误差项服从独立同分布，并且属于极值分布的一般假定，那么事件发生的概率服从 Logistic 分布（McFadden，1978）。对于理性的决策者而言，选择选项 i 的概率如式（11-11）所示，这也是常用的离散选择模型。本书在家庭区位选择和企业区位选择模拟中采用了离散选择模型。

$$P = \frac{e^{V_{nj}}}{\sum e^{V_{nj}}} \tag{11-11}$$

11.4.3 熵值法

在城市空间演化模拟研究中，常借鉴信息熵评价指标权重，称为熵值法。

1. 原理介绍

熵是来自热力学的一个概念，在哲学和统计物理中熵被解释为物质系统带来的混乱和无序程度，信息论则认为熵是信息源的状态不确定程度。在综合评价中，运用信息熵评价系统信息的有序程度及信息的效用值是很自然的，统计物理中的熵值函数形式对于系统信息应是一致的。在信息论中，熵是对不确定性的一种度量，信息量越大，不确定性就越小，熵也就越小；反之，信息量越小，不确定性就越大，熵也就越大。根据熵的特性，可以通过计算熵值来判断一个事件的随机性及无序程度，也可以用熵值来判断某个指标的离散程度，指标的离散程度越大，即个体的差异越大，该指标对综合评价的影响越大，权重就越大。熵值法依据熵的概念和性质，基于各指标的信息量或不确定性来分析各指标的权重。

2. 计算步骤详解

假设已获得 m 个样本的 n 个评价指标的初始数据矩阵 $\boldsymbol{X} = \{x_{ij}\}_{m \times n}$，则综

合熵值法确定指标权重的步骤如下。

第一，去除指标的量纲。由于各指标的量纲、数量级、指标优劣的取向均有很大差异，故需要对初始数据进行无量纲化处理。处理方法根据样本的实际特点和性质选取，如归一化方法、最大—最小规范方法、零—均值规范法等。本节采用归一化方法进行无量纲化处理后的矩阵为$\boldsymbol{Y}=\{y_{ij}\}_{m\times n}$。标准化后的指标值将在[0, 1]内。对指标$j$的标准化如式（11-12）所示，其中，$x_{ij}$是第$i$个样本的第$j$个指标的取值，$\max(x_{ij})$是指标$j$样本的最大值。

$$y_{ij}=\frac{x_{ij}}{\max(x_{ij})}\qquad j=0,\ 1,\ 2,\ \cdots \tag{11-12}$$

第二，确定指标的熵值。熵值表征了信息的浑浊度，其计算公式如式（11-13）所示。其中，y_{ij}是第i个样本的第j个指标的标准化值；p_{ij}表征了第i个样本对第j个指标的贡献度；E_j是第j个指标的熵值。熵值公式的系数$1/\ln(m)$中的m为样本的数量，这样处理后可确保熵值的取值区间为[0, 1]。

$$p_{ij}=\frac{y_{ij}}{\sum_{i=1}^{n}y_{ij}}\qquad j=1,\ 2,\ 3,\ \cdots \tag{11-13}$$

$$E_j=\frac{\sum_{j=1}^{n}p_{ij}\ln(p_{ij})}{\ln(n)}\qquad j=1,\ 2,\ 3,\cdots \tag{11-14}$$

第三，确定指标权重。数学上可以证明，指标的熵值(E)越大，该指标的权重越小。为此，本节进一步对熵值进行处理，并进行归一化处理得到指标权重w_j。

$$d_j=1-E_j \tag{11-15}$$

$$w_j=\frac{d_j}{\sum_{j=1}^{m}d_j} \tag{11-16}$$

指标权重的确定有多种方法，如专家打分法、层次分析法、因子分析法、主成分分析法等，本书不再逐一详述。

11.4.4 主成分分析法

在实证问题研究中，为了全面、系统地分析问题，必须考虑众多的影响因素，这些影响因素一般称为指标，在多元统计分析中也称为变量。因为每个变量都在不同程度上反映了所研究问题的某些信息，并且变量之间彼此有一定的相关性，因而所得的统计数据反映的信息在一定程度上有重叠。在用统计方法研究多变量问题时，变量太多会增加计算量，提高问题的复杂性，人们希望在定量分析过程中涉及的变量较少，使得到的信息量较多。主成分分析法正是适应这一要求产生的，是解决这类问题的理想工具。

主成分分析（Principle Components Analysis，PCA）法也称主分量分析法，是通过恰当的数学变换，使新变量（主成分）成为原变量的线性组合，并选取少数几个在变差信息总量中比例较大的主成分来分析事物的一种方法。主成分分析法旨在利用降维的思想，在损失很少信息的前提下把多个指标转化为几个综合指标。通常把转化后的综合指标称为主成分，其中每个主成分都是原始变量的线性组合，并且各个主成分之间互不相关，这就使得主成分比原始变量具有某些更优越的性能。这样在研究复杂问题时就可以只考虑少数几个主成分而不至于损失太多信息，从而更容易抓住主要矛盾，以及揭示事物内部变量之间的规律性，使问题得到简化，提高分析效率（李艳双等，1999）。

11.4.5 Cobb-Douglas 函数

Cobb-Douglas 函数是经济学中应用最为广泛的效用函数。它是美国数学家 Cobb 和经济学家 Douglas 根据 1899—1922 年美国制造业部门的数据构造的，共同探讨了产出与投入的关系，在效用函数的一般形式上引入技术资源因素，并于 1928 年提出的（Cobb et al.，1928；Goldberger，1968）。他们认为，在技术水平不变的条件下，产出与投入的劳动量和资本的关系可表示为

$$Y = AK^{\alpha}L^{\beta}\lambda \tag{11-17}$$

式中，Y 表示产量，A 为技术系数，K 表示投入的资本，L 表示投入的劳动

量，α、β 分别表示 K 和 L 的弹性系数。其中，α 表示资本弹性系数，当投入生产的资本增加 1%时，产出平均增长 α%；β 是劳动量弹性系数，当投入生产的劳动量增加 1%时，产出平均增长 β%；λ 是常数，也称效率参数（Efficiency Parameter），表示那些能够影响产量，但既不能单独归属于资本也不能单独归属于劳动量的因素。

当 $\alpha+\beta=1$ 时，效用函数规模报酬不变，对任意的 λ，存在 $f(\lambda K,\lambda L)=\lambda f(K,L)$；当 $\alpha+\beta>1$ 时，$f(\lambda K,\lambda L)>\lambda f(K,L)$，效用函数规模报酬递增；当 $\alpha+\beta<1$ 时，$f(\lambda K,\lambda L)<\lambda f(K,L)$，效用函数规模报酬递减。

目前，Cobb-Douglas 函数被广泛应用于效用评价。

11.4.6　探索性时空数据分析

探索性时空数据分析（Exploratory Space-Time Data Analysis，ESTDA）是一组空间数据分析方法，主要包括莫兰指数分析、LISA 时间路径分析、LISA 时空跃迁分析、关联网络分析等（Jing et al.，2022）。其中，莫兰指数、LISA 指数分别用于测度全局尺度和局部尺度的空间自相关；LISA 时间路径分析用于描述要素的空间局部依赖与波动性；LISA 时空跃迁分析用于描述要素的变化特征；关联网络分析用于可视化要素空间协同演化过程。

1. 莫兰指数分析

空间自相关分为全局自相关和局部自相关。全局自相关描述了某个要素属性在整个研究空间范围内的分布，用于判断要素在整个研究区的集聚特性和强度。莫兰指数常被用于计算全局自相关，计算公式为

$$I=\frac{N}{\sum_{ij}\omega_{ij}}\frac{\sum_i\sum_j\omega_{ij}(x_i-\bar{x})(x_j-\bar{x})}{\sum_i(x_i-\bar{x})^2} \tag{11-18}$$

式中，x_i、x_j 分别表示区域 i 和区域 j 的要素分布，$\bar{x}$ 为所有区域要素的平均值；ω_{ij} 为空间权重，它描述了两个样本在空间中的邻接关系；N 为样本数。

I 的取值范围是−1～1，当 I 为正时，表示该区域与其邻居具有正向空间关联，并且 I 越大，这种关联性越强；当 I 为负时，表示该区域与其邻居具有负向空间关联。

局部空间自相关可以进一步反映区域内各单元的局部空间关系格局和差异。可采用局部莫兰指数来测度相邻对象的局部空间自相关，即 LISA 指数（Local Indicators of Spatial Association），其公式为

$$I_i = z_i \sum_j w_{ij} z_j \tag{11-19}$$

式中，I_i 表示局部莫兰指数，z_i 和 z_j 分别表示区域 i 和区域 j 的要素变化标准化值，ω_{ij} 为行标准化值。莫兰散点图上的散点位置可以根据 I_i 进行划分。

2．LISA 时间路径分析

在莫兰散点图中，各样本要素的坐标位置代表了该要素与周围邻居的集聚类型，若按照时间序列将其连接起来便组成了具有动态性的时间路径。LISA 时间路径分析不仅可以研究各区域的要素时空协同变化的情况，还可以确定局部空间差异与时空动态性，从而实现局部空间依赖由“瞬时场景”向“交互动态场景”的连续表达（张欣，2021）。LISA 时间路径分析几何特征主要包括路径相对长度、弯曲度和移动方向。路径相对长度 $\varGamma_i$ 和弯曲度 $\varDelta_i$ 的计算公式为

$$\varGamma_i = \frac{n\sum_{t=1}^{T-1} d(L_{i,t}, L_{i,t+1})}{\sum_{i=1}^{n}\sum_{t=1}^{T-1} d(L_{i,t}, L_{i,t+1})} \tag{11-20}$$

$$\varDelta_i = \frac{\sum_{t=1}^{T-1} d(L_{i,t}, L_{i,t+1})}{d(L_{i,t}, L_{i,t+1})} \tag{11-21}$$

式中，$L_{i,t}$ 为 t 年份区域 i 在莫兰散点图中的位置；$d(L_{i,t}, L_{i,t+1})$ 是区域 i 在 t 年份与 $t+1$ 年份间的移动距离；n 为区域数量。

时间路径相对长度大于 1，代表区域 i 的移动更具动态性；反之，移动更具稳定性。时间路径弯曲度越大，表明区域间要素变化受到时空依赖效应制

约越显著。

根据不同年份各个区域在莫兰散点图的位置变化的移动角度，可以计算出 LISA 时间路径移动方向，以揭示邻域间的竞—合态势。移动方向在 0°～90°和 180°～270°时，表示区域 i 与邻域要素变化趋势保持一致，呈现出整合的空间动态性。但是，移动方向为 0°～90°为正向协同，区域 i 与邻域均呈现高增长趋势，即“赢—赢”态势；移动方向为 180°～270°为负向协同，区域 i 与邻域均呈现低增长趋势，即“输—输”态势。移动方向为 90°～180°和 270°～360°则表示区域 i 与邻域之间的变化为相反趋势，前者为“输—赢”态势，后者为“赢—输”态势。

3．LISA 时空跃迁分析

LISA 时空跃迁分析用于描述邻域间要素的空间关系随时间的变化特征。通过改进的马尔可夫链测度样本迁移可定义四类、十六种不同的时空跃迁（Rey et al.，2010），具体的类型划分如表 11-1 所示。

表 11-1　时空跃迁类型

类　型	描　述	跃迁方向
Ⅰ	自身跃迁，邻域稳定	$HH_t \to LH_{t+1}$，$LH_{t+1} \to HH_{t+1}$，$HL_t \to LL_{t+1}$，$LL_t \to HL_{t+1}$
Ⅱ	自身稳定，邻域跃迁	$HH_t \to HL_{t+1}$，$LH_t \to LL_{t+1}$，$HL_t \to HH_{t+1}$，$LL_t \to LH_{t+1}$
Ⅲ	自身与邻域均跃迁	$HH_t \to LL_{t+1}$，$LH_t \to HL_{t+1}$，$HL_t \to LH_{t+1}$，$LL_t \to HH_{t+1}$
Ⅳ	自身与邻域均稳定	$HH_t \to HH_{t+1}$，$LH_t \to LH_{t+1}$，$HL_t \to HL_{t+1}$，$LL_t \to LL_{t+1}$

HH（第一象限）为高高集聚，LH（第二象限）为低高集聚，LL（第三象限）为低低集聚，HL（第四象限）为高低集聚。其中，HL 与 LH 之间的跃迁被称为异质性转变，HH 与 LL 之间的跃迁被称为同质性转变。空间同质性趋势指标 SHTI 定义为

$$\mathrm{SHIT} = \frac{H_m - H_t}{2} \tag{11-22}$$

式中，H_m 和 H_t 分别表示异质性跃迁到同质性跃迁的概率和同质性跃迁到异质性跃迁的概率。SHTI 的取值范围为−1～1，若 $\mathrm{SHTI} > 0$，则表示时空跃迁有同质趋势；若 $\mathrm{SHTI} < 0$，则表示时空跃迁有异质趋势。

11.4.7 多尺度地理加权回归

多尺度地理加权回归是一种考虑了空间关系对模型影响的局部回归。其相对经典地理加权回归（Multiscale Geographically Weighted Regression，MGWR）增加了对多元数据的不同空间观测尺度，并计算了每个变量的最优带宽，在捕捉回归关系中空间异质性的同时，也能预测变量在空间集聚的变化趋势（Fotheringham et al.，2017）。MGWR 计算公式为

$$y_i = \sum_{i=1}^{k} \beta_{b\omega j}(\mu_i, v_i) x_{ij} + \varepsilon_i \tag{11-23}$$

式中，y_i 表示因变量，即要测试的要求；x_{ij} 表示区域 i 的影响因子 j；$\beta_{b\omega j}(\mu_i, v_i)$ 表示区域 i 的空间位置 (μ_i, v_i) 的连续函数；ε_i 为相互独立的随机误差。其中，$\beta_{b\omega j}(\mu_i, v_i)$ 通过空间权重矩阵估计，即

$$\beta_{b\omega j}(\mu_i, v_i) = (X_j' W_{b\omega j}(\mu_i, v_i) X_j)^{-1} X_j W_{b\omega j}(\mu_i, v_i) y \tag{11-24}$$

式中，$W_{b\omega j}(\mu_i, v_i)$ 为空间权重，y 为观察结果。在 MGWR 公式中，每个解释变量都有各自的空间尺度，通过校正后的 Akaike 信息准则（AICs）检测出最优带宽，当带宽随时间变化减小时，因变量 y_i 的变化倾向于空间集聚。

参 考 文 献

[1] Bivand R S, Pebesma E J, Gomez-Rubio V. 空间数据分析与 R 语言实践[M]. 徐爱萍，舒红，译. 北京：清华大学出版社，2013.

[2] Cobb C W, Douglas P H. A Theory of Production[J]. The American Economic Review, 1928, 18(1): 139-165.

[3] Fotheringham A S, Yang W, Kang W. Multiscale Geographically Weighted Regression (MGWR)[J]. Annals of the American Association of Geographers, 2017, 1247-1265.

[4] Goldberger, Arthur S. The Interpretation and Estimation of Cobb-Douglas Functions[J]. Econometrica, 1968, 35(3/4):464-472.

[5] Jing S, Yan Y, Niu F, et al. Urban Expansion in China: Spatiotemporal Dynamics and Determinants[J]. Land, 2022, 11.

[6] McFadden D. Modelling the Choice of Residential Location[A]//Karlquist A et al. Spatial Interaction Theory and Residential Location[C]. Amsterdam: North Holland, 1978: 75-96.

[7] Rey S J, Ye X. Comparative Spatial Dynamics of Regional Systems[J]. Advances in Spatial Science, 2010.
[8] [美]罗伯特·卡巴科夫（Robert I. Kabacoff）. R 语言实战[M]. 王小宁，等译. 2 版. 北京：人民邮电出版社，2016.
[9] [美]韦斯·麦金尼（Wes Mckinney）. 利用 Python 进行数据分析[M]. 徐敬一，译. 北京：机械工业出版社，2018.
[10] 陈泓冰. Cobb-Douglas 效用下小微系统的股权结构随机优化理论研究[D]. 重庆：重庆大学，2018.
[11] 陈强. 高级计量经济学及 Stata 应用[M]. 2 版. 北京：高等教育出版社，2014.
[12] 李艳双，曾珍香，张闽，等. 主成分分析法在多指标综合评价方法中的应用[J]. 河北工业大学学报，1999，(1)：96-99.
[13] 龙瀛. 城市模型原理与应用[M]. 北京：中国建筑工业出版社，2021.
[14] 聂冲，贾生华. 离散选择模型的基本原理及其发展演进评介[J]. 数量经济技术经济研究，2005（11）：151-159.
[15] 石洪景. 城市居民低碳消费行为及影响因素研究——以福建省福州市为例[J]. 资源科学，2015，37（2）：308-317.
[16] 王灿，王德，朱玮，宋姗. 离散选择模型研究进展[J]. 地理科学进展，2015，34（10）：1275-1287.
[17] 吴建楠，曹有挥，姚士谋，梁双波. 基础设施与区域经济系统协调发展分析[J]. 经济地理，2009，29（10）：1624-1628.
[18] 颜慧. 基于离散选择模型的消费者消费偏好分析[D]. 成都：成都理工大学，2018.
[19] 张亮. Netlogo 在经管类计算实验教学中的应用[J]. 数字技术与应用，2011（11）：95-96.

后记

模拟是对事物发展过程的拟合。开展模拟工作的前提是对事物发展过程有充分的理解和认识，并对之进行抽象表达。例如，城市空间演进过程模拟，需要清楚地理解城市空间组成，系统化地认识各组成要素之间的相互作用关系，以及城市空间的运转过程。虽然模拟工作的最终实现落实在数学公式或计算机算法上，但单纯的数学公式还称不上模型（模拟），至少不太准确。相对于实证研究，模拟工作应该看作演绎，即对事物规律的推演应用，因此在建模之前，需要进行深入的理论分析，以对事物发展规律有充分的把握。

由于事物的发展通常是一个复杂的过程，研究工作难以穷尽其所有的影响因素及其作用机制，因此模拟工作重在抓住其中的主要影响因素。模拟结果并不能准确地表征未来，尤其是对于有人为或政策干预的发展过程，如城市和区域发展过程，推而广之，“模型都是错误的”。但是，模型可以通过对比不同情景下的模拟结果，实现决策支撑。例如，在同样的条件下，实施某项政策与不实施某项政策会得到不同的模拟结果，其差异可视为某项政策的影响。因此，在辅助决策中，相对于模拟结果的绝对值，模拟结果的相对大小更有意义。

本书是对笔者过去几年工作的总结，书中观点或结论均为基于特定数据的学术分析结果，并不代表任何官方部门。本书所涉内容有些为原创，有些为前人研究成果，若发现有漏引参考文献，请与笔者联系。本书可能存在诸多瑕疵，笔者后续将持续探索，进一步优化并完善各部分内容。恳请读者不吝赐教，以便笔者更正不当之处。

一直以来，中国的人文地理界侧重实证研究，但定量模拟研究在政策情景检验中无可替代。目前，定量模拟研究逐渐兴起，并得到越来越多的重视。随着定量模拟研究的发展，建立并发展模拟经济地理学学科体系，以丰富人文地理学学科内容成为值得关注的议题。笔者希藉此书抛砖引玉，期盼更多的同仁参与进来，为建立模拟经济地理学学科体系砥砺奋进。

最后，感谢国家自然科学基金委员会对本书研究的经费支持。感谢电子工业出版社对本书出版给予的支持，特别感谢责任编辑李敏对本书出版的辛勤付出。

牛方曲

2022 年 9 月（壬寅年八月）

于中科院奥运村园区

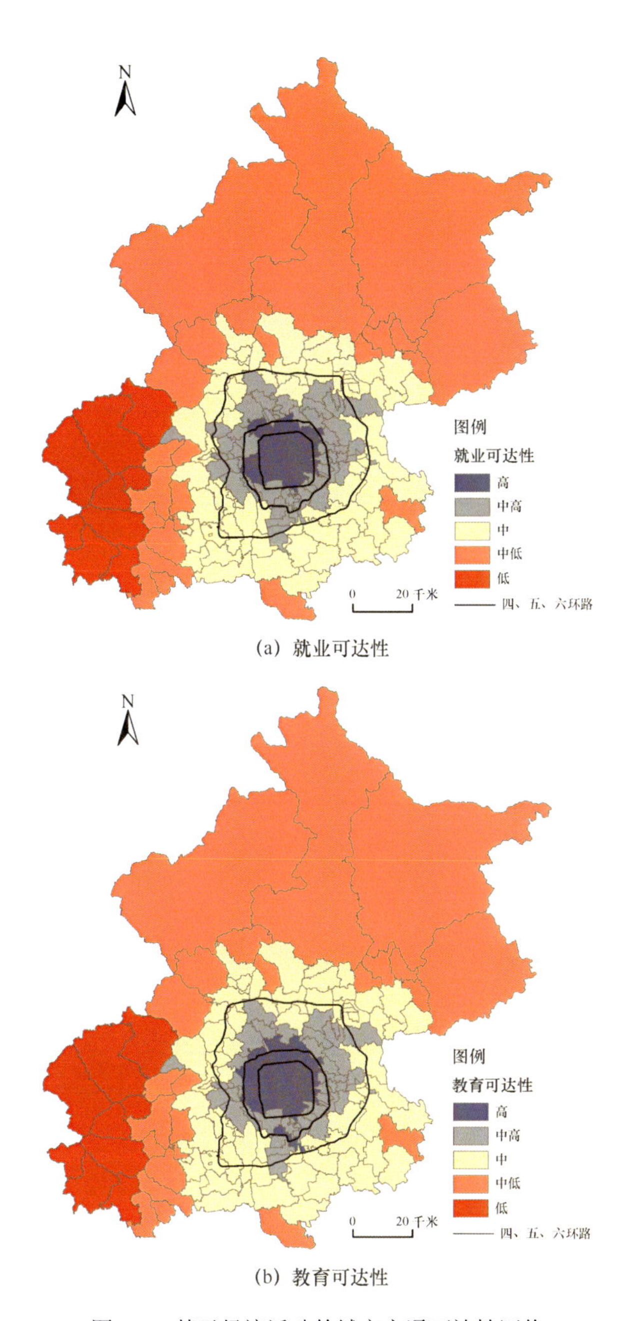

(a) 就业可达性

(b) 教育可达性

图 7-1　基于经济活动的城市交通可达性评价

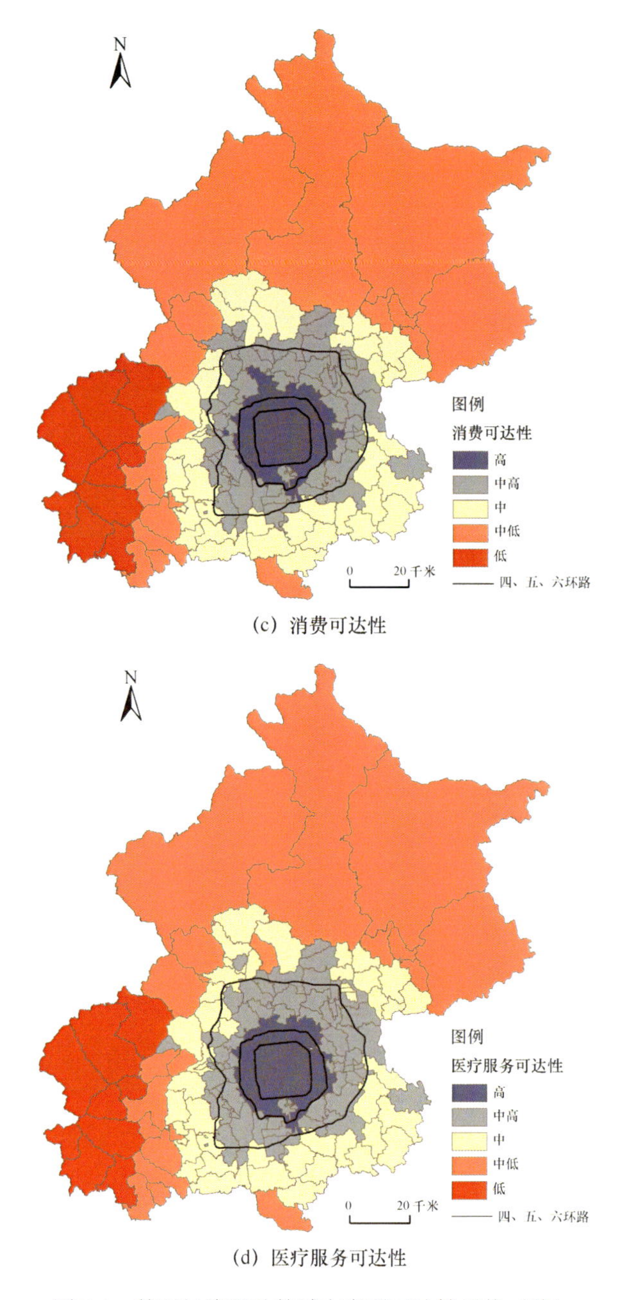

(c) 消费可达性

(d) 医疗服务可达性

图 7-1 基于经济活动的城市交通可达性评价（续）

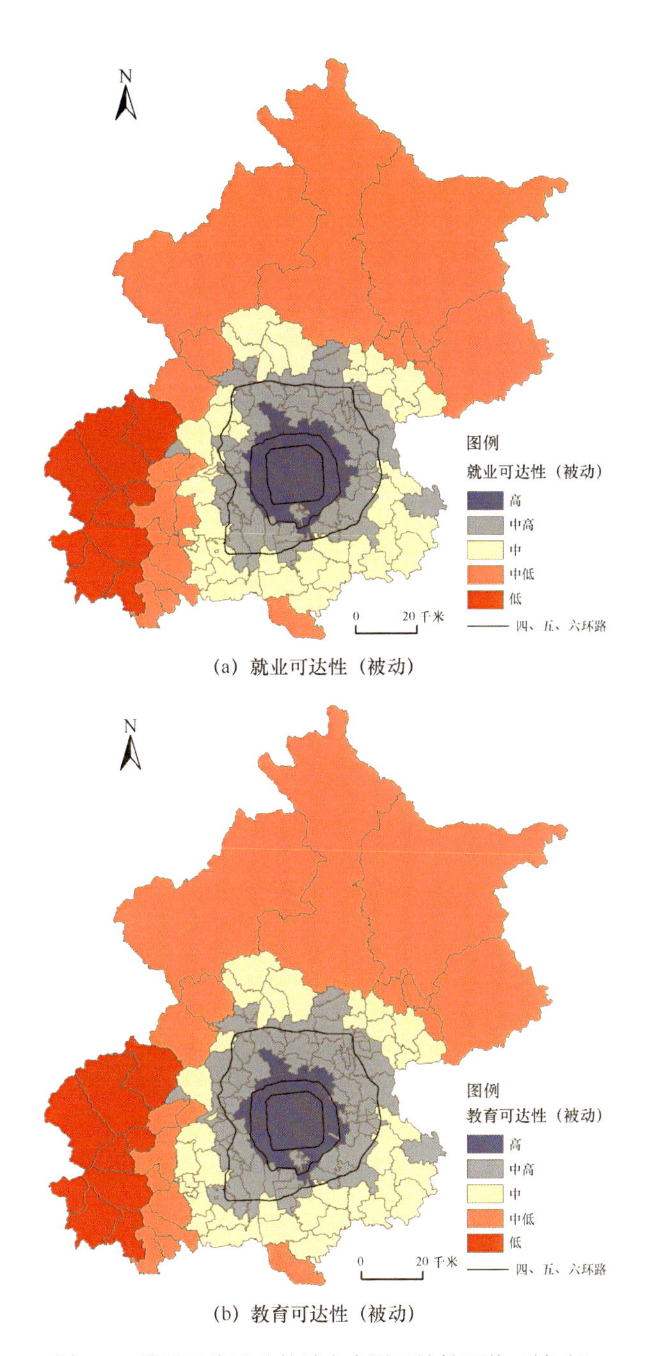

（a）就业可达性（被动）

（b）教育可达性（被动）

图 7-3　基于经济活动的城市交通可达性评价（被动）

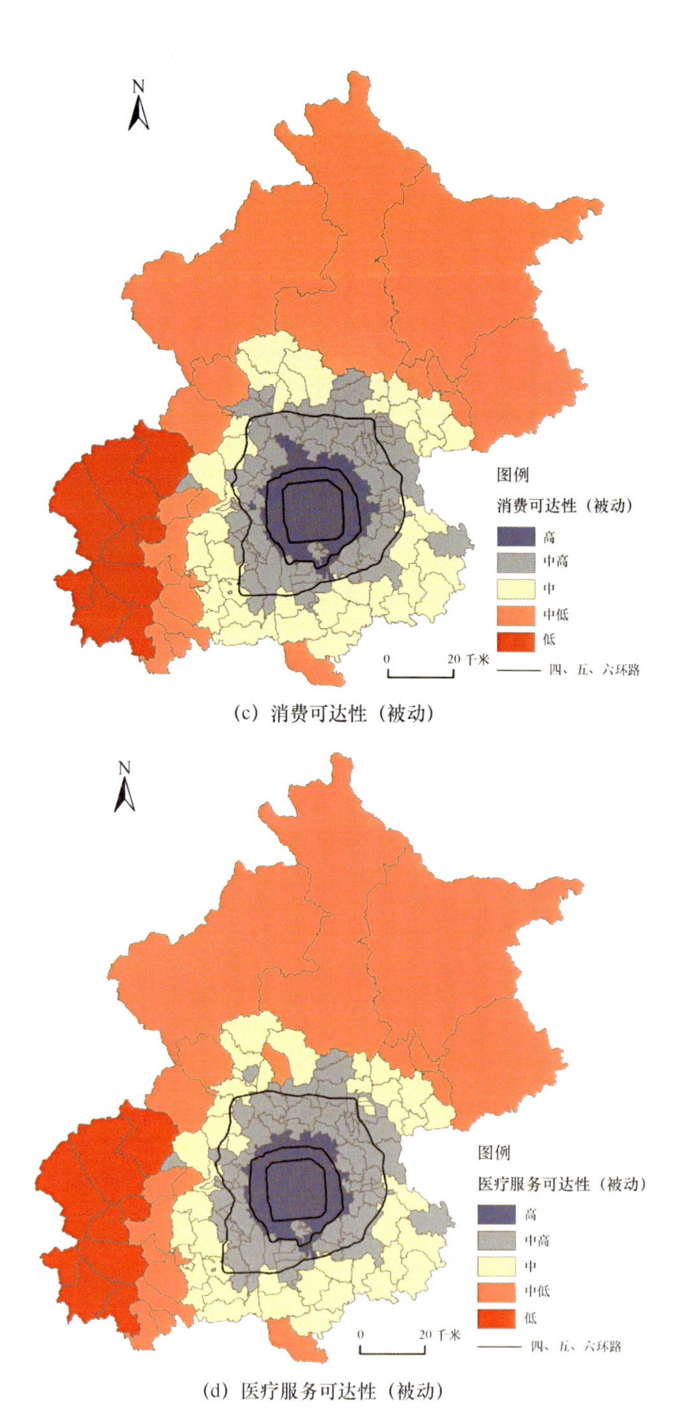

(c) 消费可达性（被动）

(d) 医疗服务可达性（被动）

图 7-3 基于经济活动的城市交通可达性评价（被动）（续）